小蟲大哉問

自然生態的科學探察與人文思考

陳睿、蘇洽帆——著

推薦序

蟲蟲新視界

黃貞祥　清華大學生命科學系副教授／GENE思書齋齋主

我幾乎遺忘，自己實際上是從事過昆蟲研究的。在碩士班中，我研究蜜蜂的磁鐵礦化和磁場感應；而在博士班階段，則轉向研究果蠅的演化和發育。這兩種生物作為研究模型非常特殊，以至於我時常忘記牠們實際上屬於昆蟲類，並非僅是實驗室裡的樣本或馴化生物而已。但牠們確實是昆蟲，這使得我經常與昆蟲系畢業的專家合作。我原本認為他們遇到任何昆蟲都能從容應對，直到見到一位老師面對蟑螂時的驚慌失措。

《小蟲大哉問：自然生態的科學探察與人文思考》一書的作者坦承自己對蟑螂感到恐懼，他在臺灣進行田野調查時，發現許多昆蟲學者對蟑螂避而遠之。作者曾在馬來西亞著名的燕窩產地——山打根的哥曼洞，遭遇到成千上萬以燕子糞便為食的蟑螂，讓我感到如果遇到這狀況的是我自己，可能會因此產生創傷後壓力症候群（Posttraumatic stress disorder，PTSD）。

我雖然出生於馬來西亞，但相較於作者，對於我們國家昆蟲的多樣性了解甚少。作者曾在馬來西亞進行過多次田野調查，在森林酒店旁的溪流中見證翠葉紅頸鳳蝶飲尿的奇觀，並在一個破敗的酒店倉庫中發現三個巨大蜂巢，隨即冒死進行研究。

本書融合了生物學、生態學、文化歷史及人類學等多個學科，全面剖析昆蟲及其與人類的互動關係。展現了昆蟲在各種文化中的象徵意義及其對生態系統的重大影響。作者深入研究多種昆蟲，如糞金龜、蝗蟲、蜜蜂、蠶等，探討牠們在自然界及人類文明中的角色。還探討了昆蟲在農業、醫學、工業等領域的應用，展示昆蟲學的實際價值。

《小蟲大哉問》首先深入探討昆蟲與人類文化之間的聯繫。透過對昆蟲的觀察，揭露牠們在自然界的角色和對人類社會的影響。例如，聖甲蟲（糞金龜、屎殼郎）在古埃及文化中象徵重生和太陽神，而蟬在中國文化中象徵君子與重生。作者還探討昆蟲的獨特行為，例如飛蛾撲火，並把其與人類文化相結合進行深刻的哲學思考，展現自然界與人類社會間細膩且深刻的連接。

接著，作者探討了昆蟲，特別是像蝗蟲這樣的種類，對人類社會和文化的影響。從昆蟲的生態特徵出發，分析牠們的生存策略，如蝗蟲的群居行為和食性。此外，還討論人類社會對昆蟲的態度和相關文化習俗，從古代的象徵意義到當代的經濟價值。

作者還揭示昆蟲在各領域中的多樣應用和價值，從傳統的昆蟲食品，如蠶和蜜蜂產品，到昆蟲在現代科技和醫學中的創新應用，展現出昆蟲對人類社會的廣泛影響。此外，還著眼於昆蟲在文化和歷史中的地位，探討牠們在古代傳說與現代科學中的角色。

昆蟲在自然界的模仿和適應策略啟發人類科技和設計。例如，蜜蜂蜂巢的結構展示了空間和資源的高效利用；切葉蟻的組織和工作方式啟發了物流和農業技術；白蟻巢穴的通風和溫度調節系統為現代建築設計提供靈感；現代科學和技術的發展中，昆蟲展現了巨大的潛力和前景。蝴蝶翅膀的結構對太陽能電池板設計有所啟發，而蒼蠅的飛行能力和感官系統對小型飛行器的設計具有重要影響。

最後，作者強調昆蟲在地球生態系統中的關鍵角色，並反思人類是否真的是地球上最有智慧的生物。他們指出昆蟲在演化史上的成功和其對自然環境的適應能力，並探討昆蟲如何啟發人類在管理學、建築學、材料學等多個領域的學習。作者認為昆蟲是理解世界的重要鑰匙，能讓我們從新的角度看待地球。

《小蟲大哉問》結合豐富的實例和故事，使理論與實踐相結合，增加閱讀的趣味性和教育性。書中的語言簡單明瞭，適合大眾讀者閱讀，不僅提供關於昆蟲的豐富知識，還對昆蟲與人類社會的相互作用提出深刻的見解，非常適合對自然科學和人文學科都感興趣的讀者。

目次

CONTENTS

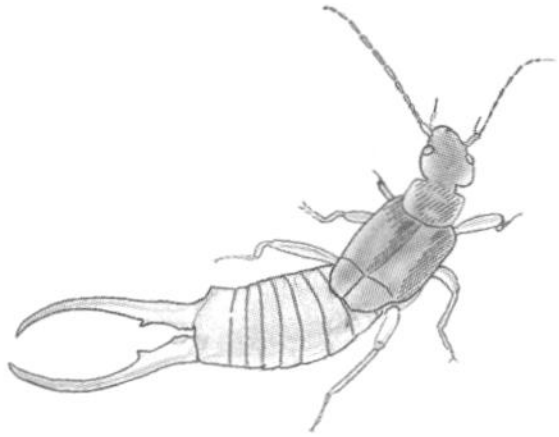

第二章 總結：從規律到習俗

第三章 應用：昆蟲的價值

第四章 探究：上下求索的自然科學

第五章 模仿：巧用昆蟲智慧

第六章 展望：昆蟲科學的未來

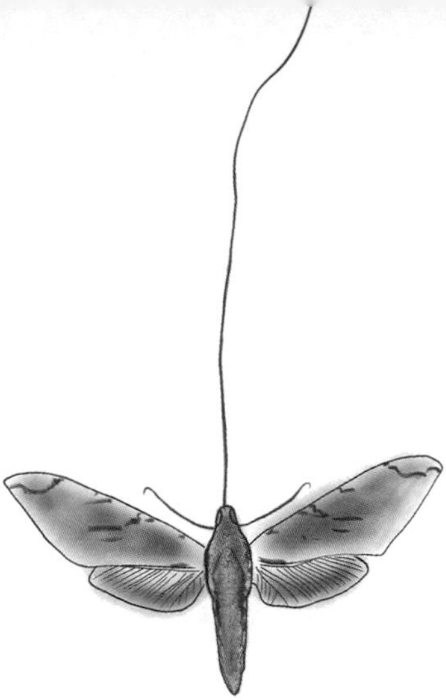

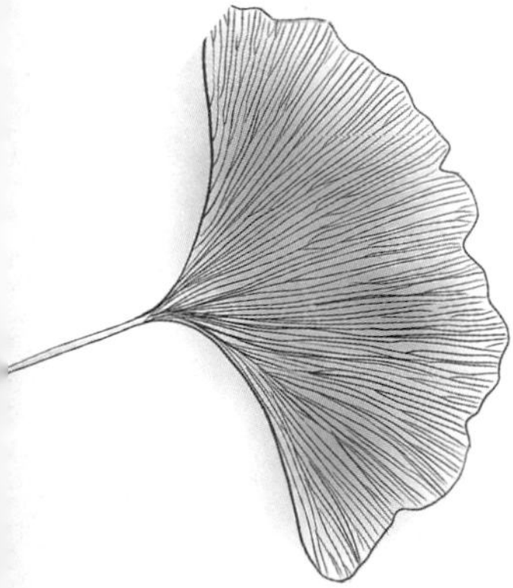

第一章

觀察

從昆蟲到文化

聖甲蟲
復活之神與太陽之神

糞便孕育生命

有趣的故事總是從屎、尿、屁開始，新疆的科學考察充滿新奇風景與事物，特別是漫無邊際的沙漠。這樣的環境中別說尋找昆蟲，任何風吹草動都能引起我們的注意。同樣的，由於資源匱乏，沙漠環境裡的生物對食物更加渴望，牠們時時留意著任何潛在的獵物。我們遇過為了不被吃掉而在葉子上長滿尖刺的絲路薊，遇過爬上小嫩枝就開始吮吸樹汁的蟬，遇過在沙地上直直向著人狂奔的壁蝨；但若要說印象最深刻的，還是在一坨新鮮的駱駝糞便中，那一隻辛勤工作的糞金龜。

我們不知道牠從哪裡來，要到哪裡去，但肯定不會是太近的地方——牠在想方設法挖走一坨最大的糞便。糞金龜的頭非常巧妙，前端扁扁的，中間略微凹下，完全就是鏟子的模樣，牠用身體當圓規，後腿為支點，身體一邊旋轉，頭一邊鏟，繞完一圈後，已經在糞堆裡畫了一個圈，半徑剛好就是身體的長度。弄少了不夠，弄多可能就滾不動了，多麼巧妙的丈量方式！確定好糞球大小，接下來只需要把它切開，再推出來就行了；但這不容易，底部的連接不好切斷，還好牠是個大力士，用「手」撐地，後腿用力把糞球往外一蹬，可惜失敗了。嘗試幾次後，牠便換個方向再試一試，還是倒立著這麼一蹬，這一次，終於獲得一個糞球。但這不是結束，只是一個開始，接下來，糞金龜需要把這個糞球推到提前挖好的洞中。我們嘗試在牠前進的路上畫出一條蜿蜒曲折的道路，牠順著這條「路」前進一段，但很快就發現異常，這時，牠會爬到糞球頂部，四處張望，找到方向，又繼續推糞球。

一隻小小的昆蟲怎麼看到無盡遠方的小洞呢？實際上，牠會透過太陽或月亮的偏振光、銀河或風向來辨別方向，但我們所知的只有這麼多，具體怎麼做到，仍然不得而知。運送糞球的路不簡單，牠是倒立著前進，完全看不見路，而為了走最短直線，總會遇上意料之外的阻攔：卡在樹枝上，撞到石頭上，推不上坡，或者掉到坑中。就這樣一路踉踉蹌蹌，終於把糞球送到家中。在糞金龜的一路呵護下，這個糞球沒有損失很多，牠的孩子就不用擔心餓肚子了，對，牠的孩子。這一切的努力，為的是給孩子創造一個安全、豐衣足食、無憂無慮的童年。糞金龜媽媽會在這個糞球中產下一枚卵，一個糞球一枚卵，而孵化後的糞金龜寶寶，就會在這個糞球中吃飯、睡覺、成長。糞金龜又叫「屎殼郎」，多麼具體的名字：有個糞便外殼的小蟲子。當然，牠有自己的大名：蜣螂。只不過還是糞金龜的名字聽起來更親切。糞金龜寶寶可能會在這個糞球裡待上幾個月，最後再完成華麗轉變。如果是雌性寶寶，長大後也會和媽媽一樣，開始為後代奔波，周而復始，不辭辛勞。生命的迴圈就是如此單調，卻又神聖。

糞金龜推糞球

糞金龜的形態

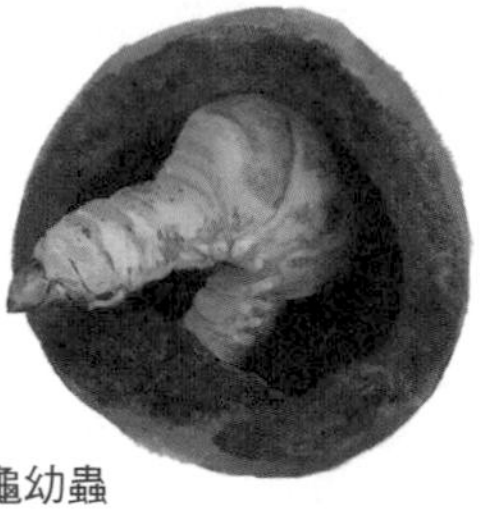

糞金龜幼蟲

糞便的美味

為什麼要選擇糞便呢？這個決定招來不少人嫌棄。做為高度進化的物種，人類深知糞便的危害，因此本能地厭惡。這很正常，許多動物都會迴避自己的便便，甚至動物園裡曾有猩猩朝著人扔便便，這不單純是簡單模仿扔東西的行為，牠們也知道糞便是不好的東西，這是復仇。但對於小動物，特別是小昆蟲來說，糞便的價值遠超乎我們想像。第一，糞便是一種相對易得的美食，真正吃糞便的競爭者不多；第二，糞便找起來非常方便，畢竟有味道；第三，糞便是大動物初步消化後的產物，對小昆蟲來說，這些食物殘渣比直接消化食物簡單，同時不會有毒；第四，也是很容易忽略的一點，我們總以為糞便沒有營養，實際上，植食動物的糞便裡有大約八三％的成分是水，而有機質含量在一四％以上；樹葉呢？新鮮植物葉片的水分含量約八〇％。可見，從營養物質來說，特別是對昆蟲來說，糞便與植物葉片相差不多。糞金龜選擇糞便或許不是迫於生計，而是一個聰明的決定。

吃糞便的昆蟲和動物很多，例如螞蟻吃的蚜蟲蜜露，實際上就是蚜蟲的糞便，而隨處可見的蒼蠅更不用說；此外，即便是漂亮的蝴蝶，牠們之中有不少種類，也依賴在糞便中補充營養。動物呢？無尾熊媽媽會拉出特殊的便便給孩子，孩子透過吃這個便便來獲得消化桉樹葉的能力；大象則更加直接，小象會直接取食父母的糞便，從而獲得消化草的能力。聽起來很令人詫異，實際上，牠們吃糞便的目的不是充饑，而是糞便中有消化葉片能力的細菌，透過取食糞便，可以讓這些細菌在腸道中存活下來，之後這些細菌就會變成腸道中的益生菌，幫助消化植物。如果把這個過程放到人類身上，聽起來是不是非常駭人聽聞？但這是真實存在的醫療技術，稱為「糞便移植」。當然不是這麼直接的手段，會採集健康人的糞便，從中培養有益菌群，再把處理過的菌群接種到病人的腸道，和喝益生菌牛奶是一樣的，這種療法對一些腸道疾病有非常顯著的效果。生活中有很多食物的名字和糞便相關，例如麝香貓咖啡、肥腸、薑絲炒大腸，何嘗不是糞便呢？這麼看來，糞金龜好像沒有那麼噁心了，而且牠那麼努力地滾糞球，為的是讓孩子吃飽成長，多麼美妙的母愛呀！有沒有覺得，其實牠還滿神聖的。

神聖的昆蟲文化

糞金龜還真有個非常神聖的名字：聖甲蟲。古老而神聖的尼羅河流域孕育出四大文明古國之一的古埃及，但尼羅河不總是呵護自己的子民，每年豐水期的氾濫帶來不少破壞。有意思的是，洪水退卻後，土地上最早出現的就是糞金龜，對古埃及人來說，這象徵著新生。而之後有人觀察到，糞金龜推著一個糞球躲進洞穴裡，這時的糞金龜通常色澤暗淡、虛弱無力；而經過一段時間後，同一個洞裡會出現一隻全新的糞金龜，長得幾乎一模一樣，但牠很明顯更加鮮豔漂亮，也更有活力。這下不得了了，古埃及人認為糞金龜透過這樣的方式重獲新生，於是，牠開始被視為復活之神，受到崇拜。以至於有學者懷疑，金字塔其實就是糞堆的形狀，而木乃伊們纏上布條後，看起來十分像糞球裡的糞金龜幼蟲。當然這些只是猜測，無從考證。但毋庸置疑的是，古埃及人確實在糞金龜上寄託重生的希望，也將牠們奉為神靈。聖甲蟲，即神聖的甲蟲，法老們都希望借由牠們的神祕力量，能在死後獲得永恆，甚至重生。當然，這是不可能的，畢竟這件事連聖甲蟲都沒做到，所謂的重生，實際上是牠的孩子，是一種生命的延續罷了。

當然，對古埃及人來說，聖甲蟲不單是復活之神這麼簡單，許多文物上會看到另一種聖甲蟲形象：一對偌大的翅膀平直展開，後腿立在地上，前腿托舉著太陽。這就是牠的另一重身分——太陽之神。對糞金龜來說，牠只是完成繁殖使命，但有沒有發現，牠持之以恆地推著一個圓圓的東西在地上移動，和什麼有點像？古埃及神話中，司掌太陽的神叫做「拉」（Ra），古埃及人認為太陽神白天搭著太陽船自東向西航行，晚上則自西向東巡視，這是祂更替晝夜的使命。而古埃及人發現，天上的太陽每天都從東方正常升起，而在土地上，糞金龜每天都努力地推著糞球，這個糞球就象徵著天上的太陽，糞金龜是太陽神「拉」的化身，所做之事不只是為了自己，更是為了讓太陽永恆地出現，牠即是太陽之神。

古埃及人相信萬事萬物循環往復，世界則處在永恆之中。與糞金龜的生命歷程何其相似：在糞球中生長，從糞球中蛻變，推著新的糞球，留下生的希望。古埃及人十分喜愛貓，非常崇拜的貓女神「芭絲特」的塑像上，胸前有太陽神的紋路，額頭上也雕著一隻聖甲蟲，可見聖甲蟲的地位非同凡響，絕不是一隻小蟲子這麼簡單。無論牠是日復一日推動著太陽升起的太陽之神，還是在地府之中司管再生的復活之神，寄託於糞金龜身上的是古埃及人對未來的希望，是對死後永恆的信仰。

埃及文化中的聖甲蟲

蟬

君子之蟲與重生之蟲

如果夏天有顏色，一定是生機盎然的翠綠；如果夏天有聲音，一定是綿延不絕的蟬鳴。

伴隨著翠綠與蟬鳴，我們行進在武陵山區進行植物考察。九月底的重慶山林間，溫度適宜，結束白天的工作，手裡已經拎著上百份植物樣本，而這些都得在晚飯後製作完畢，一想

程氏網翅蟬

到這裡，就愈發捨不得愜意的山林。打破這份枯燥的是一聲嘶啞的蟬鳴，似乎就在耳邊，非常近，聽得出牠非常用力，就像生命結束前最後的吶喊。順著聲音找去，在一片草叢中，我被一抹不屬於草地的綠色驚豔到了，這是一隻程氏網翅蟬，牠有著紅色複眼、黃色條紋，黑色的翅膀上，密密分布著翠綠的翅脈，好一副「鍾靈毓秀」的樣子，大膽的紅綠配色，絲毫不顯俗套，反而好似名角，豔壓群芳。這一副不食人間煙火的模樣，為何落到了草地上？回憶起那聲嘶啞的蟬鳴，我突然意識到，原來夏天結束了呀。我將牠撿起，確定已經無法再飛起，便小心地收起來，我捨不得豔麗的綠，也想留下這個夏天。只是很可惜，牠的驚豔只在夏天，製作成標本的程氏網翅蟬，褪去身上所有色彩，只留下一身黑色與枯黃，描繪著牠曾經的美麗。

這個夏天中，蟬鳴其實是內鬥陷阱。無數的蟬費盡全部精力，聲嘶力竭地鳴叫著，怕不是為了和太陽比誰更熱情？實際上，這確實是一場競賽，一場雄性蟬之間的生死競賽。這個舞臺上，好聽與否不重要，誰叫得聲大，誰就更有機會受到雌性青睞。每當有一隻蟬開始鳴叫，「內鬥」就開始了：旁邊的蟬必須開始叫，不然就會錯失參賽資格，而且得努力叫得更大聲；始作俑的蟬聽到隔壁的聲音，本來想休息，也不得不繼續堅持；二者的較量很快會擴張到更大範圍，結果就是你追我趕，誰都不願意讓步，直到堅持不住，當有些蟬開始「閉嘴」，其他的也心照不宣地停下這階段的比賽。因此，蟬鳴比賽的開始總是漸漸變強，而結束通常會倉促一點。實際上，這場比賽比的不僅是聲音，更是生命的較量：蟬的顏色通常是與樹幹相近的棕色，使牠們在樹幹上生活時不容易被天敵發現；然而一旦放聲歌唱，向雌蟬展示歌喉的同時，無疑也在向整個森林宣告自己所處的位置。捕食者們很喜歡悅耳的蟬鳴，代表著今天的午飯有著落了。如果叫得太小聲，無法獲得交配權；如果叫得太大聲，容易被天敵發現。於是乎，這變成一場很奇特的博弈，一場生存和繁衍之間不斷權衡的遊戲。當然，勝利者會獲得加倍的優勢，成為牠們炫耀的資本。

雄性動物的「特技」在自然界中比比皆是，有的是鮮豔色彩，有的是特殊的身體結構，其中很多都不利於牠們存活，但似乎成為牠們展示的平臺：「看，即便在這麼危險的條件下，我依然能夠很好地活著，這就是實力！」相比之下，雌性似乎沒那麼起眼，反而是評審的角色，但換個思路，雌性實際上有著最強大也最危險的技能——產卵，意味著牠們需要耗費巨大能量用於繁殖。同時，產卵時也是最脆弱、最危險的時候，僅這一項，就足夠讓雄性昆蟲望塵莫及了。這麼看來，雄性的生死較量似乎沒什麼大不了，那麼就讓這場夏季狂歡更盛大點吧！

蟬的新生

秋天到來，一切歸於沉寂，但生命的輪迴剛剛開始。交配後的雄蟬完成使命，會更快一步死亡。但對雌蟬來說，新的生命在腹中孕育，需要更加小心地保護自己和後代，所以牠不會鳴叫，而是乖乖地躲起來。等到時機成熟，就該準備產卵了，這也是一門學問。蟬是素食主義者，植物就能滿足牠一生的需求，但也得選擇一棵健康的樹，才有足夠的營養。然後，牠會挑選樹上新長的枝條，把產卵管伸到嫩枝中，在裡面產下一顆、兩顆、三顆……直到這根樹枝裡塞滿卵，通常每根樹枝裡的卵都會超過一百顆，對植物來說是致命的，至少對這根樹枝而言。塞得滿滿當當的蟬卵，完全阻斷樹枝的營養供應，不出多久，這根樹枝便會毫無生機，脆弱不堪，只需一陣風，就會折斷落地。這正是蟬媽媽的目的，牠的孩子需要在土地裡生活，這下子，寶寶們孵化出來後，就可以第一時間鑽進土裡，躲避絕大多數天敵的襲擊，安逸地度過童年。

不見天日的地下有著錯綜複雜的根系脈絡，裡頭流淌著樹根從土中吸收的水分，以及樹根供給植物生長的養分。對蟬寶寶來說，就是源源不斷的美食，因此牠會在地下待上許久。這是牠生命裡最漫長的一段時間，當然，也是最輕鬆愉快的一段時間，或許是半年，又或許

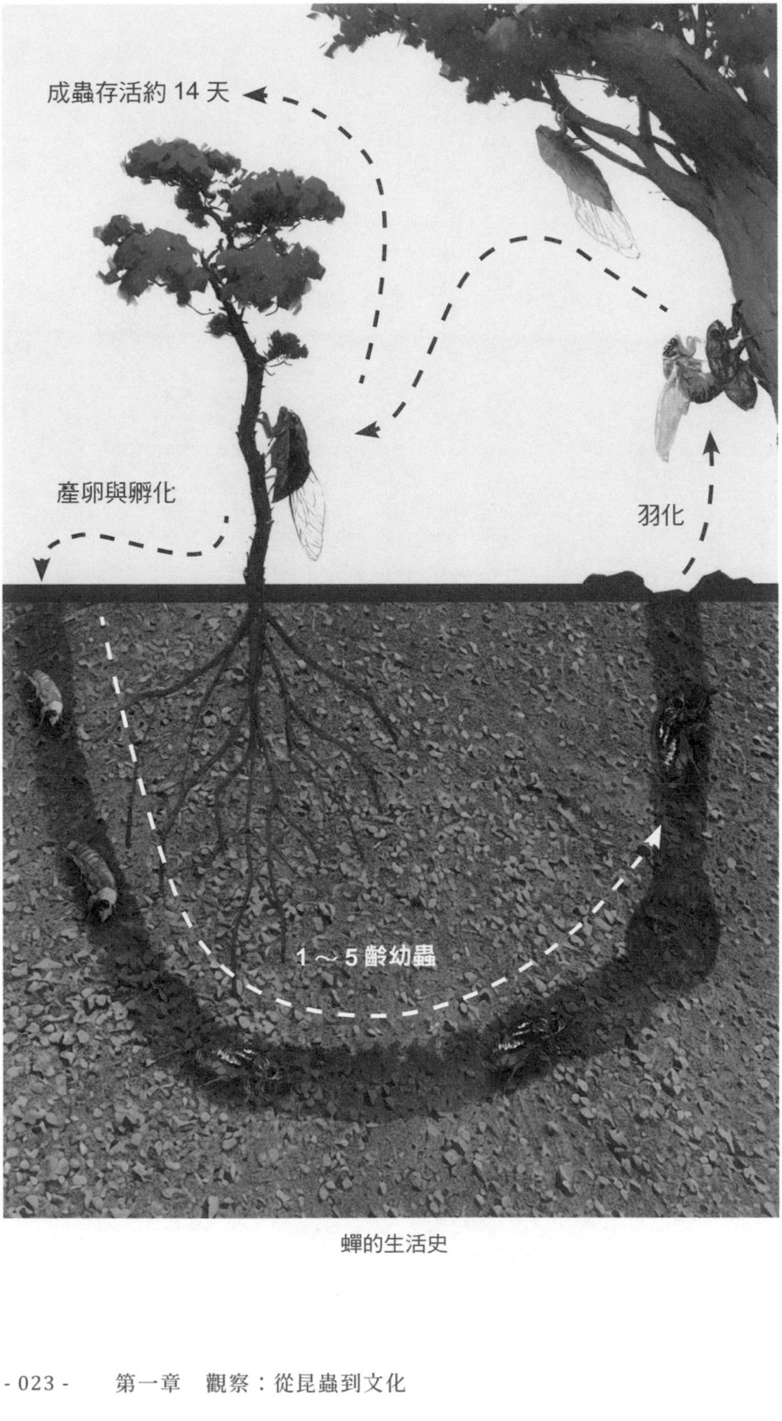
成蟲存活約 14 天
產卵與孵化
羽化
1～5 齡幼蟲

蟬的生活史

是十七年。總之，吃飽喝足後，又是一個春暖花開的季節，牠已經蓄勢待發，直到某個晚上，破土而出，順著最近的樹幹向上爬，通常愈高的位置愈安全。接下來，牠需要進行一次非常重要的蛻變，也是最後一次蛻變——長出翅膀，翱翔天際。

爬到一個合適的位置，緊緊抓住樹幹，身體開始抽動，忽然背上裂開一條裂縫，只見一隻青白色的蟬從中鑽出，隨後，把身體倒懸過來，將身體裡儲存的水分擠到小小的翅膀中。牠的翅膀就像氣球，隨著水分進入，慢慢撐開，直到完全展開，遠遠超過身體的規模。接下來，還需要等待，等待著翅膀硬化，同時產生色素，把自己裝扮成樹皮的顏色，又或者成為豔麗的角色。這個過程需要持續數小時，而這期間，牠無法動彈。如果翅膀撐開過程中被阻擋不能完全平展，牠將無法飛行，因此牠選擇在夜晚進行這個最危險的環節。如果順利，第二天太陽升起時，牠已經飛上樹梢，在最明媚閃亮的位置展現歌喉。又一個夏天到來了。

生生不息

中華文明自古就對蟬推崇備至，古人認為蟬的一生多數時間都在泥土中度過，不懼汙穢，而待羽化蛻變，全身青白色，冰清玉潔；待金蟬脫殼之後，翱翔天際，落於枝頭，不近塵世，且終生只飲樹汁雨露，好一副不食人間煙火的模樣。蟬的清高廉潔深受翩翩君子們的喜愛與嚮往。《史記．屈原賈生列傳》提到「蟬蛻於濁穢，以浮游塵埃之外」的君子之風。唐代畫家閻立本《歷代帝王圖》中，給每位皇帝的帽子上都畫一隻金蟬，以此象徵帝王的長生、高潔。而朱受新〈詠蟬〉寫道：「抱葉隱深林，乘時嘒嘒吟。如何忘遠舉，飲露已清心。」抒發對仕途前景的期許，同時勸勉自己應飲露清心，遠離浮世。古代文人對蟬的別樣情愫，正說明他們潔身自好的樸素願望，這些願望賦予蟬更加神祕而有趣的人文色彩。

相比之下，帝王將相們眼中的蟬有著不一樣的東西——生生不息的輪迴。無論何時，無論何人，對於長生不老、轉世投胎都有無比濃烈的期待。愈有權勢之人，愈希望青春永駐，即便無法避免死亡，也希望能有來世，重享榮華富貴。古埃及法老這樣想，中國古代許多帝王也一樣，如果終將長眠，他們便會佩戴上「聖物」，期待有一天破土而出。當然，這個「聖物」不是糞金龜，而是蟬，白玉雕琢而成的玉蟬。古代帝王們認為蟬夏飛而鳴，秋冬歸於塵土，是一種永世輪迴。牠們長眠於地下，待到次年夏初，就會從土中重新爬出，脫胎換骨，金蟬脫殼，又是當年一般，傲視群雄。因此，帝王們相信蟬的身上有輪迴的神力，他們以玉雕蟬，含於口中，暫眠地下，等待著屬於他們的夏天來臨。最早的玉蟬在商代殷墟「婦好墓」中出現，晚至明、清的帝王也深信這隻小昆蟲能帶領自己轉世輪迴。有意思的是，數千年後這隻玉蟬重見天日，但帝王們的下一個夏天又要等到什麼時候呢？

蟬鳴本是夏天的象徵，但在古人眼中，蟬的鳴叫似乎總是帶著一點悲傷的寓意。古人覺得蟬本可以在樹林深處安享清閒，卻偏要大聲鳴叫，引起注意，落得螳螂捕蟬的後果。而文人墨客們則覺得蟬鳴悲切，特別是秋後，寥寥幾聲蟬鳴，道不盡詩人心中愁苦：「故國行千里，新蟬忽數聲」、「寒蟬淒切，對長亭晚，驟雨初歇」、「蟬聲未發前，已自感流年」。下次窗外蟬鳴，又會讓我們想起哪個地方、哪個人呢？

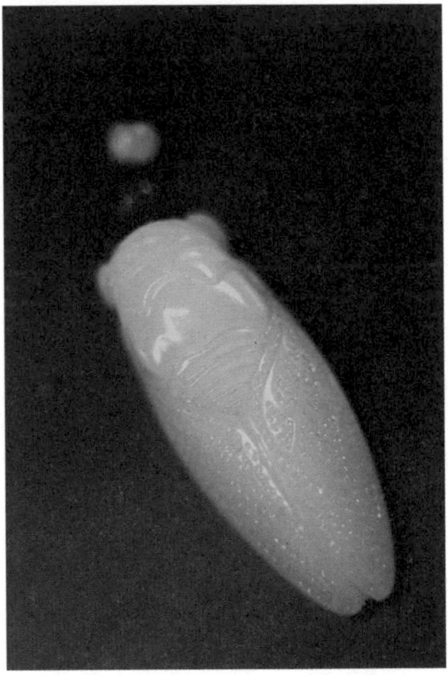

蟬紋飾品

蝴蝶

不是鴛鴦也戲水

溫泉與蝴蝶的邂逅

「兒童急走追黃蝶，飛入菜花無處尋。」草叢中靈動的蝴蝶最能吸引小朋友的注意力，更何況牠不只好看，飛起來還慢悠悠。孩子們不知道為什麼要抓，可能是追求美的原始本能。蝴蝶是自然界中最常見的一種昆蟲，但牠們的魅力卻一次又一次地令人傾倒。從中國到東南亞、南美，我到很多地方進行過蝴蝶調查，無論在

紅頸鳥翼蝶

哪個地方，最期待的都是與各式各樣蝴蝶的邂逅，牠們就像森林裡活潑的精靈，主動出來和我們打招呼。實際上，蝴蝶還是非常重要的生態指標生物，每次看到牠們，就知道我來到一個很棒的地方。最令我震撼的場景是在馬來西亞的一間森林民宿中，這是一戶當地人家蓋起來的木屋房，他們在這裡生活，也給偶爾來的客人提供休息的地方。雖然住宿條件一般，但有天然溫泉，溫泉水從山體上的泥土中流出來。而這些溪流上，竟然有數百隻非常獨特而漂亮的蝴蝶，一群一群地聚集在一起，邊撲扇翅膀邊喝水。牠們是馬來西亞的國蝶——紅頸鳥翼蝶（翠葉紅頸鳳蝶），碩大的體型加上漆黑的翅膀，十分引人注目。但這些紅頸鳳蝶很警惕，人一旦靠近，牠們就四散而逃，瞬間像一朵花綻放開來。

我們還發現一個有趣現象，紅頸鳳蝶喝水的同時，竟然也在尿尿，而且就尿在原地！並非不講衛生，實際上，牠們喝溫泉水的目的不是補充水分。溫泉水含有大量礦物質，可以補充紅頸鳳蝶幼蟲期食物中缺乏的礦物質，就像剛運動完的人一樣。但牠們不能把自己喝成一個水桶，所以把自己變成一個篩檢工具，不斷地吸、排溫泉水，既能夠獲取礦物質，又能控制好體重免得飛不起來，真是有趣的方式。

努力地吃與不被吃

蝴蝶的美並非一蹴而就，而是需要漫長且困難的積累。牠們從小到大會經過卵、幼蟲、蛹、成蟲四個階段，這個輪迴便是昆蟲的生活史。我們俗稱的蝴蝶，通常指的是成蟲階段。而對大多數蝴蝶來說，成蟲階段只是牠們一生中最短暫的時期，為了這份短暫的美麗，牠們從一開始就努力地拚搏著。

從卵的角度就可以發現蝴蝶媽媽的苦心，蝴蝶小時候主要取食植物葉子，並且大部分比較挑食，為此，蝴蝶媽媽產卵時，就得精準找到孩子愛吃的食物，把卵產在植物最嫩的葉片上，因為剛出生的蝴蝶寶寶太小，啃不動老葉子。與此同時，為了避免孩子們相互爭搶，牠在一片葉子上只會產一枚卵，相互之間還得間隔幾個枝條。就這樣，從孵化開始，牠們便可以在沒有競爭的環境下自由生長。

孵化的幼蟲從小到大會經歷五次蛻皮，蝴蝶幼蟲全身是軟的，但頭部有個堅硬的殼保護著，這個殼限制了牠的發育，必須透過蛻皮的方式讓身體有長大的空間。從最初孵化的一齡幼蟲，每次蛻皮增加一齡，到最後的六齡幼蟲，體重可以增加五千倍！人類的孩子出生時平均是三千克，如果按這個比例增長，我們即將成年時，會有一輛雙節公車那麼重！對蝴蝶幼蟲來說只有一個任務——拚命地吃！除了吃，就是睡覺保持體力，牠們既不會亂跑，也不會有多餘的愛好，甚至連打架的能力都微乎其微，因此，牠們成為很多捕食者的目標。打架這條路行不通，蝴蝶幼蟲們會透過其他方式保護自己。

方法一：保護色。大多數蝴蝶幼蟲身體的顏色，都和牠生活的環境非常相似，不是樹葉的綠色，就是樹枝的褐色，這種便是保護色。

方法二：擬態。是指一種生物模擬另一種生物或類比環境中的其他物體，從而獲得好處的現象，簡單點說就是偽裝。擬態行為在蝴蝶幼蟲中非常常見，而且有許多有趣的擬態。例如我們在普洱找到的點蛺蝶幼蟲，這是一種極罕見的蝴蝶，不仔細看很容易以為是動物糞便，而且是植食動物沒有消化完全的糞便。牠平時會把自己捲起來，碰到牠還會釋放一股難聞的氣味，這種擬態確實可以「勸退」不少捕食者。而金斑蝶的幼蟲在頭和尾各生長兩根突起的鬚，成蟲則頭尾大小相近、形狀相似，全身環狀條紋分布。這種情況下，不了解牠就完全無法分辨出哪邊是頭，哪邊是尾，這便是牠的自擬態。很多捕食者會傾向優先攻擊獵物頭部，但面對自擬態的金斑蝶幼蟲，如果選錯方向攻擊尾巴，金斑蝶的生存機會就會大大提高，逃脫後即使受傷也不用擔心。

方法三：毒素。如果實在躲不過，總要被發現、被吃掉，乾脆讓自己變得不好吃！絲帶鳳蝶的幼蟲就是如此，黑底黃斑的配色在綠葉中十分顯眼，這便是警戒色，顯眼且預示著危險的顏色。但牠可不是好惹的，體內儲存著來自牠的食物——北馬兜鈴的毒素，這些毒素對許多小動物來說很不友善，吃過一次絕對不想再吃第二次，絲帶鳳蝶幼蟲雖然犧牲自己，但保護了兄弟姊妹。有趣的是，植物毒素原本是用來防蟲，可是機靈的絲帶鳳蝶幼蟲不僅不怕，反而將其轉化成武器。

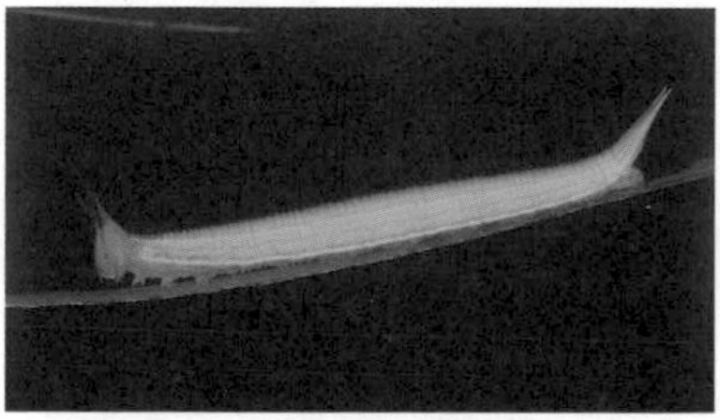

蝴蝶幼蟲的保護色

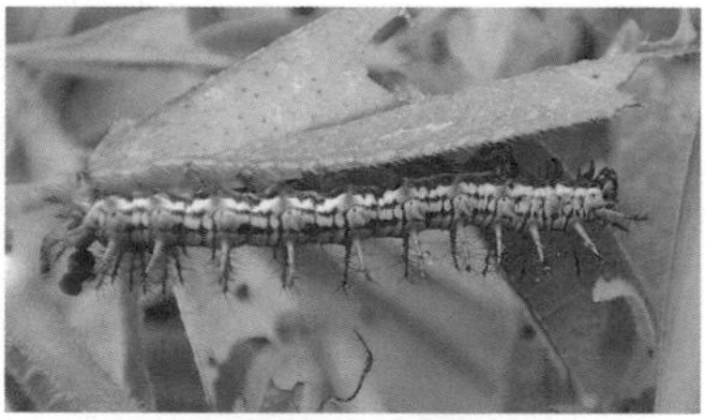

苧麻珍蝶幼蟲的警戒色

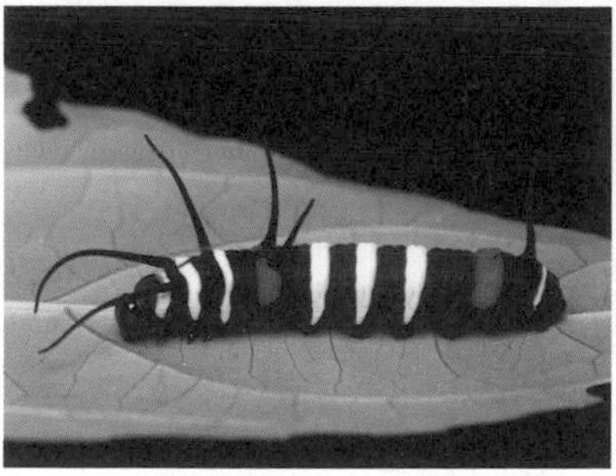

頭尾自擬態的金斑蝶幼蟲

擬態糞便的點蛺蝶幼蟲

蝴蝶幼蟲的保護措施

以絲自固，羽化成蝶

蝴蝶幼蟲幾乎是個特化的食草機器，一切都是為了能吃得更多，但會吃不能成為厲害的生存之道，也不能帶來種群的繁榮，最終還是需要有繁衍的步驟。如果「這輩子」不行，「下輩子」呢？蝴蝶正是如此！在幼蟲的最後一刻，牠將迎來堪比重生的一次改變——化蛹。

以鳳蝶幼蟲為例，首先，幼蟲會找到安全的地方，吐出一坨絲線，用腹部末端的臀足抓住這團絲，再在身體三分之一的位置，吐出幾根絲把自己固定住，然後弓起身子，進入準備階段——前蛹。大約一天後，牠會把這個毛毛蟲外表的皮蛻去，變成真正的蝶蛹。由於絲的作用，此時的蝴蝶即使沒有腿，也能穩穩地待在樹枝上，而那些環繞身體的絲，此時處於脖子的位置，像是上吊自縊，因此這種蛹被稱為帶蛹（縊蛹）。此時的蝴蝶外表波瀾不驚，但內部卻發生翻天覆地的變化。整個身體除了頭部的一小塊區域，其他地方會完全溶解，重新構造出一副肢體，拋棄原本的一切，才有機會化成飛上天空的蝴蝶。

蛹期的蝴蝶不吃也不排泄，不太受環境影響，因此常選擇以蛹的形態來度過冬天；但同時非常弱小，沒有任何自保能力，蝴蝶在其他季節不會在這個階段保持太久。如果透過蛹殼能看見蝴蝶翅膀的花紋，就說明重生非常順利，很快就要羽化了。

透過蛹殼上預留好的縫隙，蝴蝶可以輕鬆打開外殼鑽出來，這時翅膀還是壓縮的，接下來需要抓住一根樹枝，把肚子中的體液擠到翅膀的脈絡中，只見原本皺皺的翅膀慢慢地平展、撐大，彷彿吹氣球一般。破蛹而出，展翅成蝶，這個階段很快，通常不會超過兩小時。一方面，這時的蝴蝶既美麗，又脆弱，早點羽化才有逃跑的資格；另一方面，牠們已經等待太久，迫不及待要飛上天空。

飛上天的蝴蝶要做什麼？享受自由？輕撫微風？都不是，這時牠們的任務是繁衍。開始四處尋覓，偶爾停飲花蜜是為了補充體力，雙棲雙飛的蝴蝶也成為愛情最美好的象徵。

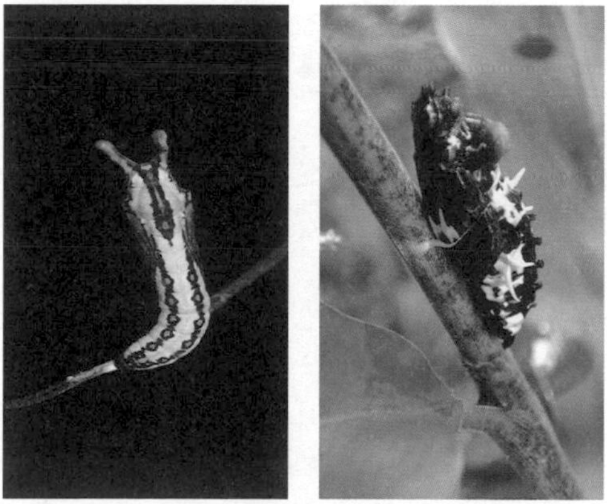

蝴蝶的蛹

雙雙化蝶翩翩舞

梁山伯與祝英台是中國古代民間著名的愛情故事，祝英台女扮男裝求學，與梁山伯相遇相知，可惜兩人最終無法成婚，梁山伯相思成疾，鬱鬱而終；隨後，祝英台在成婚路上前往梁山伯墓前祭拜，一時間狂風驟雨、電閃雷鳴，梁山伯墳墓驟然裂開，祝英台不顧一切躍入其中，墓室閉合；片刻之後，風雨停歇，彩虹高懸，墓中飛出兩隻蝴蝶，自由自在翩躚起舞。或許梁祝的故事有許多版本，但最後都會羽化成蝶，雙宿雙飛，其中寄託了古代文人對美好愛情的追求和對蝴蝶自由飛翔的嚮往。

蝴蝶確實有雙雙飛行的習性，但也分情況，如果兩隻蝴蝶緩慢地在一小片區域，優哉地飛，繞來繞去，可能是在進行求偶儀式；但如果兩隻蝴蝶像是你追我趕地快速飛過，可能是在打架。大型蝴蝶有比較明顯的領地行為，雄性蝴蝶會占據一片區域，對於進入該區域的雌蝶，牠們會想辦法博得對方的芳心，但對於進入該區域的雄蝶或其他種類的蝴蝶，就會進行驅趕。當然，這不影響人們把蝴蝶視為愛情的象徵，因為牠們交配一次就可以產卵，而產完卵後就完成自己的使命，就是一吻定終身。而且蝴蝶有許多種類，雌性與雄性是既相像又有所區別，可謂佳偶天成。根據考究，梁祝故事的發生地在浙江省，而浙江省分布的蝴蝶之中，有一種非常符合梁祝故事的描述，就是玉帶鳳蝶。

玉帶鳳蝶的雄蝶背面主體黑色，白色的斑點組合成帶，得名玉帶鳳蝶。而玉帶鳳蝶的雌蝶斑紋差異較大，最常見的有兩種形態，白斑型和白帶型。牠們背面同樣是黑色主色加白色斑點，此外還有紅色斑點分布在後翅邊緣。白斑型的白色斑點聚集成一個大白斑，白帶型的白色斑點則分布成帶。這麼看來，頗有祝英台女扮男裝的風采。當然對蝴蝶來說，這只是色型的變化，不是扮相。

許多時候我們對蝴蝶的觀察是片面的：只看到成蟲悠然自在，忽略幼蟲在葉間的生死博弈；看到蝴蝶雙宿雙飛，卻忽略可能是在打架。我們無法確定古人眼中的蝴蝶怎麼飛，只知道在他們眼中，蝴蝶象徵著愛情，象徵著蛻變。現在看到蝴蝶象徵什麼呢——綠水青山。蝴蝶幼蟲會挑食，一個地方的蝴蝶種類愈多，植物也愈多，環境愈好，因此蝴蝶是生態監測的重要指標。我們追求美，但也要保護美，就像蝴蝶幼蟲歷經磨難終將迎來燦爛的新生一樣，每個善良的舉動都是為更美好的未來做鋪墊。

玉帶鳳蝶雌蝶白斑型　　玉帶鳳蝶雄性

玉帶鳳蝶

專題

以小見大的昆蟲成語

如果說漢字是中華文化五千年的精華，成語就是漢字在三千年之中的高度濃縮。寥寥幾字，訴說故事，蘊含道理。

中國古人善於對自然進行觀察與總結，而昆蟲做為自然界中最常見的生物，當然不會缺席。眾多的昆蟲成語中，有直接描述現象，有以蟲喻人，甚至蘊含哲學思考。可見，小蟲非小蟲，短語非短語。而這些習以為常的昆蟲成語背後，隱藏什麼樣的自然科學故事呢？

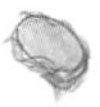

現象描述的成語

螟蛉有子，蜾蠃負之

本義：螟蛉與蜾蠃是不同昆蟲，蜾蠃會將螟蛉背起來抓走，再將其「養」成自己的樣子。

喻義：比喻無親無故的養育關係，「螟蛉之子」常用來比喻養子。

最早的成語可追溯到《詩經》，當中有許多昆蟲身影：從堂前蟋蟀，到田間草蟲（螽斯）；從盛夏鳴蜩（蟬），到深夜宵行（螢火蟲）；甚至有用來形容女子美貌的「領如蝤蠐」、「螓首蛾眉」。，而《詩經》也有許多有意思的昆蟲現象描述。

「螟蛉有子，蜾蠃負之」出自《詩經．小雅．小宛》，裡面提到兩種昆蟲，螟蛉就是俗稱的毛毛蟲類，蜾蠃是一種蜂。這句話描述一種有趣的昆蟲行為，古人認為蜾蠃不會生孩子，會偷螟蛉的孩子，就是抓走毛毛蟲，蓋個房子照料，把牠們養成蜾蠃的樣子。

這當然肯定不對，毛毛蟲不可能長大變成蜾蠃，到底是怎麼一回事呢？

其實蜾蠃會產卵，而牠們的孩子比較弱小，不會捕獵，因此蜾蠃媽媽會抓一些毛毛蟲，當作幼蟲的食物。牠們捕獵時，不會把毛毛蟲殺死，而是對其進行深度麻醉，並關在自己用泥土搭建的小房子中，同時在裡面產卵。當蜾蠃的孩子從卵中孵化，就有豐盛的食物能吃到成年，而且有了土房的保護，幾乎沒有什麼天敵。看來蜾蠃負子不是什麼溫馨的家庭故事，但牠依舊稱得上是盡責的媽媽。

蜾蠃巢

金蟬脫殼

本義：蟬蛻變時，本體脫離外殼，展開翅膀逃走，剩下空的蟬蛻。

喻義：製造或利用假象脫身，讓對方無法及時發覺。

蟬是一種昆蟲，昆蟲與人類有很多不同點，其中最常提及的就是「骨骼」。人類等脊椎動物是骨骼支撐著皮肉，屬於「肉包骨」，但昆蟲、蝦等節肢動物，身體最堅硬的部分在表面，裡面則完全是軟的，屬於「骨包肉」。當然，這不是真正的骨骼，是一層幾丁質外殼，為小蟲子們提供非常好的防禦。但與此同時，這層外骨骼不能隨著牠們生長而長大，昆蟲每一次長大都需要把這層外骨骼脫下，再長出一層新的，這個過程叫做「蛻皮」。昆蟲一生要經歷多次蛻皮，而當牠們完成最後一次蛻皮時，會長出翅膀，獲得飛翔的能力。

金蟬脫殼指的便是最後一次，蟬的幼蟲在土裡生活，等牠們準備好，就會爬到樹上。古人觀察到這個動作，並準確地描述牠們剛蛻皮時全身玉白的模樣。待到旭日東升，金蟬已經遠去，空留蟬蛻在樹上。

然而，金蟬脫殼本身是漫長的過程，絕大多數的蟬都會選擇在晚上蛻皮，這個金蟬脫殼到底算不算好的逃脫技能呢？

金蟬脫殼

以蟲喻人的成語

飛蛾撲火

本義：飛蛾撲到火中去，自取滅亡。

喻義：形容明知道有危險，還是為了一點利益不管不顧，主要是貶義。

飛蛾撲火是普遍現象，牠們本能地朝著有光線的地方飛，無論是燭火還是電燈，稱之為「趨光性」。而利用昆蟲趨光的原理，我們可以使用燈誘裝置，在夜晚守株待兔，等待昆蟲自投羅網。

為什麼飛蛾具有趨光性呢？與牠們的導航系統有關。飛蛾是一類主要在夜間活動的昆蟲，夜晚光源很少，看不清環境，而當飛蛾要去往一個地方時，就需要準確的導航系統，就是天空的星星或月亮。以月亮

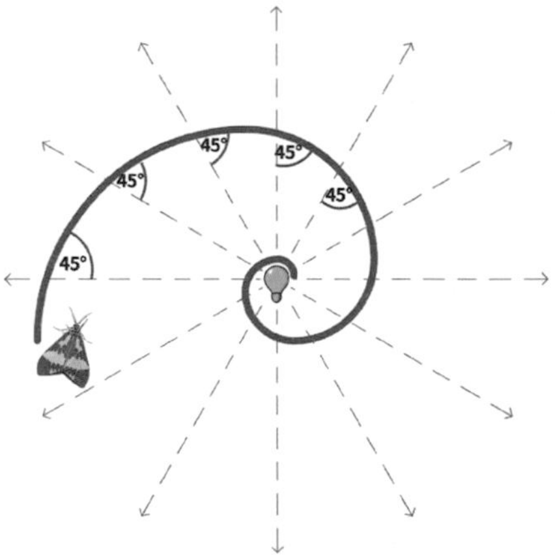

昆蟲趨光原理

為例，飛蛾飛行時，會保持飛行方向與月亮方向形成一定角度，由於月亮離地球足夠遠，這個角度可以保證牠們以直線飛行。因此，同類飛蛾可以在最短的時間內會合並相親。

然而，隨著人類的演化，從火到燈，夜晚的光源愈來愈多，飛蛾沒有辦法判斷哪個是導航的光源，如果選錯了，由於光源離牠們很近，稍微飛一點距離，光源的相對位置都會改變。飛行過程中，為了保持一定角度，就會不斷調整，最終呈現螺旋形的飛行軌跡，且愈來愈靠近光源中心，就變成我們看見的「趨光性」，甚至是「飛蛾撲火」。就像導航掉進溝裡，不是飛蛾不知道危險，而是牠只相信自己的導航。

趨光性的動物除了飛蛾，還有許多金頭閉殼龜、鍬形蟲等其他物種，也是類似的原因。有意思的是，有些獵手如螳螂，甚至是青蛙等，也會被燈光吸引，這是牠們在演化過程中學習到的，燈光附近有食物，所以牠們是非常有目的性地朝著光源而來，可見趨利避害是生物的本能。

燈誘

螳臂當車

本義：螳螂舉起前肢，試圖阻擋行進的車子。

喻義：比喻不能認清自己的能力，非要去做無法完成的事情，必然失敗，主要是貶義。

螳螂是昆蟲裡的頂級獵手之一，有超強的動態視力、極快的攻擊速度，還有專門為了捕捉食物而特化的前肢，大多數時候沒有對手，但面對一些體型更大的動物如鳥類、青蛙時，也是束手無策。螳螂是聰明的，遇到比自己高大的對手，不會輕易攻擊，也不會馬上逃跑，而是將前肢舉起來，甚至會把翅膀打開，這個姿態能讓牠看起來體型更大，而且更具攻擊性。有些時候管用，這是牠們的防禦手段。

而對面行駛來的一輛車，在螳螂的眼裡也是一個體型比自己更大的對手，

螳螂防禦姿勢

於是同樣舉起雙臂，試圖嚇唬對方，然而牠的力量在車的面前顯然微不足道。當然，隨著車子靠近，螳螂會在合適的時機逃跑，不會真的試圖擋車。

從螳螂身上，我們只看到牠的自不量力，或許換個角度想想，會發現這是一種不懼強權的勇氣，更是一種知難而退的智慧。

比喻渺小的成語

蚍蜉撼樹

本義：螞蟻搖晃大樹。

喻義：力量很渺小，又想做大事，比喻不自量力。

螞蟻是一類為人熟知的昆蟲，個頭很小，但數量很多，而且擅長合作，單隻的螞蟻很弱小，但一群螞蟻往往會有出人意料的力量。螞蟻實在是太小了，當牠們在樹幹上爬行時，我們根本不會討論牠們能不能把樹推倒，答案顯而易見，甚至不需要去思考和辯論。那麼人類呢？人類之於天地，就如同螞蟻之於大樹，總覺得人類很強大，其實從某些角度看來，我們還是很渺小，花了很長時間積累文化、發展科技，但這在整個宇宙中極其微不足道。

我們也要知道自然界中螞蟻有很多天敵，但似乎沒有哪種天敵能在與螞蟻的對抗中占據優勢，無論對手多麼強大，牠們會前仆後繼地進行抗爭，直到將對手趕跑。人類也是如此，在科技與文明的最前沿，我們從不討論完成一件事的可能性有多少，只知道需要去做，無論付出多大代價。於是我們環遊世界，飛上天空，踏足月球，致力前往更深處的宇宙空間。

樹上的螞蟻

朝生暮死

本義：早上出生，晚上死亡。

喻義：形容生命的短暫。

朝生暮死這個詞通常指的是蜉蝣，一種生於水邊的昆蟲。蜉蝣成蟲壽命較短，最短的只有一天，早晨開始飛行，夜間就已經死亡，因此有了「朝生暮死」的說法。通常來說，成年昆蟲是發育最完善的時候，但蜉蝣成年後只有一個任務——繁殖，牠們能夠飛行、快速找到伴侶、快速產卵，但牠們的口器退化了，連吃飯都做不到。對於這樣一個「生育機器」來說，牠們不打算在這個階段保持太久，只要完成繁衍任務就行了，所以會把這個時間盡量縮短，以減少被天敵獵殺的可能。

相比之下，蜉蝣的幼蟲階段要長得多，小時候會在水中生活一～二年，這可不是一朝一夕的時間。因此「朝生暮死」的蜉蝣，可能見過了不只一輪春夏秋冬。

蘇軾〈赤壁賦〉提到「寄蜉蝣於天地，渺滄海之

蜉蝣

一粟」，透過蜉蝣比喻天地廣闊，人類渺小。蜉蝣這種小蟲，真的是在時間尺度和空間尺度上都十分不起眼，但你知道嗎？就是這麼不起眼的昆蟲，在地球上已經生活至少一．八億年。我們覺得牠們渺小，或許牠們還覺得人類太過年輕呢。

哲學思考的成語

莊周夢蝶

原文：昔者莊周夢為蝴蝶，栩栩然蝴蝶也，自喻適志與，不知周也。俄然覺，則蘧蘧然周也。不知周之夢為蝴蝶與，蝴蝶之夢為周與？周與蝴蝶，則必有分矣。此之謂物化。

釋義：莊周夢見自己變成蝴蝶，悠然自得地飛舞，完全忘記莊周。當他醒來後，發現自己就是莊周，但卻不知道是莊周夢見自己成為蝴蝶，還是蝴蝶夢見自己成為莊周呢？莊周和蝴蝶必定有所分別。這種轉變就叫做物化。

喻義：比喻虛實交錯，變幻無常。

這是中國古代非常著名的成語故事，直到現在還有許多人討論背後的含義。從表面上看，好像是搞怪故事，莊周彷彿半夢半醒的瘋子；但隨著對故事剖析，結合對《莊子》其他文章的理解，會發現這個故事蘊含莊子的道家哲學思想。討論的不是夢的問題，而是更深的層面。

第一，生死層面的討論。為什麼選擇蝴蝶呢？蝴蝶本身經歷巨大變化，毛毛蟲需要經過「深度睡眠」的階段後，才能變成翩翩起舞的蝴蝶。人在進入「深度睡眠」階段後，會變成什麼呢？蝴蝶與毛毛蟲交替存在，蝴蝶與莊周相互做夢，而現實與虛幻，生與死，或許也是交替。它們可能沒有那麼可怕，只是換了一種存在方式而已。

第二，自然層面的討論。道家思想非常重視天人合一，這是非常有進步性的。莊子認為人之於自然，與蝴蝶之於自然是一樣的，人類創造城市、律法、工具，其實從一定角度上背離了自然，但隨著我們的思考，會發現人與自然是一體的。

第三，意識層面的討論。當莊周做夢時，發現自己是一隻蝴蝶，但他沒有懷疑，於是以蝴蝶的方式飛行、玩耍。當夢境結束時，莊周不會飛了，卻會以人的角度來思考、說話。其中隱喻了「意識決定存在」的唯心主義思想。

一隻小小的蝴蝶，從毛毛蟲蛻變而來，逍遙飛舞於天地之間；一個簡單的人，從嬰幼兒成長而來，思考天地萬物的關係。我們不對其哲學思想做太深入的討論，但這種似夢非夢，真實與虛幻的關係，其實是人與自然關係最好的寫照，相輔相成，密不可分。

本節只是列舉比較常見的昆蟲成語，實際上遠不只這些。許多昆蟲成語反映古人對自然觀察的片面性，有很多錯誤的知識點，但成語本身暗藏道理，可見昆蟲只是做為一個觀察對象，做為一個描述載體，其背後體現的是人對自然的觀察與思考。小到昆蟲，大到天地，我們需要學習的東西還有很多。

專題 居家昆蟲要有好名字

古代的房子大多是平房，沒有明顯的城鄉之分，人與自然的接觸十分密切。而房子為人類提供庇護的同時，也給許多小蟲子提供很好的生活環境，遮風擋雨，吃喝不愁。其中包括我們討厭的「四害」，也有一些相對友好的「鄰居」。

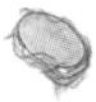

螽斯——紡織娘

這是一種直翅目的昆蟲，翅膀的翅脈筆直，如同紙扇，因而得名。直翅目昆蟲家族包括蚱蜢、蝗蟲、蟋蟀（蛐蛐兒）、螻蛄和本節的主角螽斯。直翅目的許多昆蟲都有鳴叫的本領，蝗蟲會用後足摩擦翅膀發聲，而蟋蟀和螽斯則會透過翅膀摩擦發聲。祕訣是兩片翅膀上分別具有「弦器」（音梳）和「彈器」（音刮）的不同結構，當翅膀進行摩擦時，彈器在弦器上刮動，產生的高頻振動便是牠們的聲音，如同吉他撥弦一般。蟋蟀聲如其別名，通常是以「蛐蛐、蛐蛐、蛐蛐」的頻率鳴叫。而螽斯的聲音則更為持久響亮，鳴叫前奏會發出「軋織、軋織」的聲響，猶如木製紡織機旋轉時木頭相互摩擦的聲音。比起蟬喜歡在白天放聲高唱，螽斯更願意打破夜晚的寧靜，猶如勤勞的姑娘，不顧夜色低垂，忘我地紡線織衣，紡織娘的名號因此而得。當然螽斯本身與紡織沒有任何關係，牠不過是想在安靜的夜晚尋得佳偶。

蚰蜒——錢串子

蚰蜒是節肢動物門脣足綱的小蟲子，和蜈蚣的親緣關係比

直翅目昆蟲的翅膀

紡織娘

較近，不屬於昆蟲，在家中很常見。牠們長著十分嚇人的外表：一眼數不盡的腿，又細又長；飛簷走壁如履平地；跑起來速度極快，喜歡鑽到犄角旮旯之中。這些特點讓牠成為穩妥的恐怖殺手形象，若是不了解的人，常會被牠嚇一跳。蚰蜒確實是個殺手，但牠是蒼蠅、蚊子和蟑螂的殺手，不會對人造成傷害，相反的，牠是為我們保衛家園的武士。蚰蜒不是昆蟲，沒有翅膀，因此需要更快的速度才能追逐獵物，而牠的長足也保證了獵物無法逃跑。此外，牠與蜈蚣一樣，有著一對毒牙，也是用來消滅害蟲。長時間的接觸中，人類發現牠的善良本意，便不再驅趕。與此同時，當靜下心來觀察，人們發現牠背上有一排圓環狀的金色斑點，好似一串銅錢，因此給牠「錢串子」的美名，期待能夠辟邪消災，為家裡帶來財富。

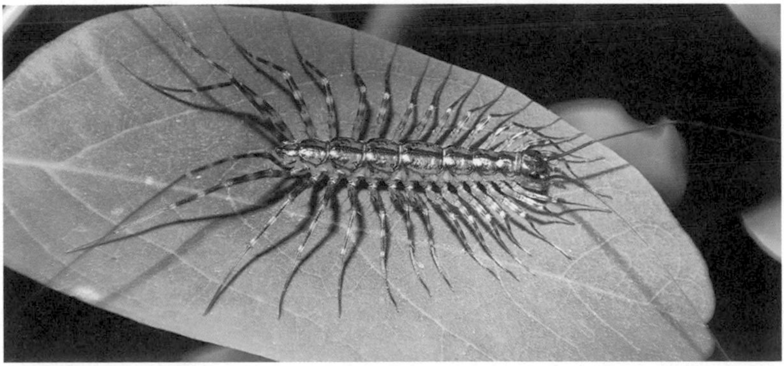

蚰蜒

駝螽——灶馬

直翅目昆蟲，屬於螽斯，但比較特殊，不會「軋織軋織」叫，而且背部大幅度彎曲，看起來就像駝背的小人，因此得名駝螽。牠喜歡溫暖環境，在農村的泥土房子中，最常在廚房出現，特別是燒火做飯的灶臺邊，躲在牆角或磚瓦縫隙間休息。牠們對食物也不挑剔，廚房中散落的剩菜葉便足夠了。牠的出現倒沒有引起許多人反感，畢竟看起來比老鼠和蟑螂和善多了。

火是人類生活的根本，但一不小心也會成為吞噬一切的惡魔，爐灶則是每家每戶與火接觸最密切的地方。人們既需要火，也害怕火，因此，在廚房中供奉灶王爺，祈求爐火興旺，家人平安。而灶王爺做為天上神仙，每年需要「上天」稟報公務，上天的時間便是臘月二十三——小年。灶王爺怎麼上天呢？做為法力高強的神仙，必須有專屬的仙獸坐騎，而在灶王爺身邊，日日夜夜陪伴他的好像就是駝螽了，再仔細一想，這個駝螽的「駝背」，豈不是剛好用於乘坐。人們認為駝螽就是灶王爺的專屬坐騎，於是為牠取名灶馬。加上這重身分，灶馬就更加受人喜愛了。

灶馬

第二章

總結

從規律到習俗

飛蝗入侵

天災下的妥協與反抗

蝗蟲草上飛，獵手身後追

毫不誇張地說，每一個愛上自然的童年，都是從抓蚱蜢開始的。

草叢裡忽閃飛過的小蟲，對愛玩的少年來說，有著無比的吸引力。這種時候，我們需要化身專業獵手，充分調動身體，躡手躡腳地行進，同時保持對前方草坪全方位監視，不放過任何異樣與異響，只要牠再有動作，天生的獵手本能就可以將其鎖定，接下來，就是一場你追我趕的狩獵行動。絕大部分時候，都是獵物被擒拿的結局，獵手絕不願意空手而歸，而獵物能做的就是利用數量優勢進行干擾：一片草叢中的蚱蜢此起彼伏，即使有一、兩個同伴被抓，對族群來說也無傷大雅。一旦遇上三心二意的獵手，牠們在這場遊戲中還有可能全身而退。這種看似幼稚的捕獵遊戲，實際上是獵手與獵物之間的生死博弈；看似以強壓弱的不公平競賽，其實是大自然中最基本的捕獵法則。獵手有著天然的速度與力量優勢，小小的蚱蜢無法正面抗衡，但牠們從未坐以待斃，而反抗的方式是「生」——生育後代的生，也是生生不息的生。

抓蚱蜢這項「傳統技能」，無論到了哪個地方都能派上用場。非洲的馬達加斯加島有一種非常漂亮的蝗蟲，後翅是鮮豔的紅色，或許是人們覺得紅色代表魅惑，於是把牠叫做魔鬼蝗蟲。這種蝗蟲在野外十分罕見，但我們在緊湊的科學考察旅程中仍然十分偏心地尋找牠們，探尋著每一片草叢卻一無所獲。原本不抱希望，絕大多數蝗蟲都是白天出沒，晚上要尋找更是難上加難，但在馬達加斯加的一次夜探中，上百隻魔鬼蝗蟲成群排列在地上，如同整裝待發的軍隊，牠們利用夜色掩護，集體進行高效率的交配與繁殖，其中，雌性蝗蟲成排地將腹部紮進土壤中產卵，非常壯觀。可是當我們抓住一隻魔鬼蝗蟲，卻發現腹部非常柔軟，為了將卵產在安全的地下，肯定費了不少力氣，以致都無法逃跑了。

蚱蜢不是指一種具體的蟲子，而是對草叢裡擅長跳躍的昆蟲統稱，其他叫法還有螞蚱、草蜢和蝗蟲等。無論怎麼變化，都有一個共同點：粗壯的後腿，這是牠們擅長跳躍的法寶。六條腿中，最後兩條腿特化成跳躍足，其腿節（相當於人的大腿）非常粗大，有豐富的肌肉群，且腿節和脛節（大腿和小腿）一直保持著彎曲的狀態，做好時刻跳遠的準備，一旦有風吹草動，便可蹦到數公尺遠外，這個距離是牠體長的五十倍。

不講究的話，蚱蜢都是一樣的，通常指直翅目昆蟲中蚱總科、蜢總科、蝗總科這幾大類。但從昆蟲學的角度看，其實有著許多差別，例如蚱和蜢就是不同兩類。蚱通常是體型較小，生於土表、枯枝落葉中的小螞蚱；而蜢則以長長的馬臉得名「馬頭蝗」。

當然，實際上是昆蟲學家們為昆蟲分類命名時借用了這些稱呼，「蚱蜢」一詞足以讓我們想起牠們的模樣。而這麼多蚱蜢中，最令我們害怕的當屬蝗蟲了。蝗蟲通常指的是蝗總科下的昆蟲，在蚱蜢這個大家族中，蝗蟲的種類占了九〇%以上，包括最常見的飛蝗、稻蝗、負蝗等。主要啃食植物葉片，偶爾在田間破壞莊稼，令人生厭。平常來說，蝗蟲不足為懼，除非牠們組成浩浩蕩蕩的蝗蟲大軍。

蝗蟲的跳躍足

素食大胃王的傳承

蝗蟲屬於不完全變態發育的昆蟲，從小到大經歷卵、幼蟲、成蟲三個階段。而小時候的樣子與成蟲沒有明顯差異，主要是翅膀沒有發育成熟，因此蝗蟲幼蟲被稱為「若蟲」。從卵中孵化的那一刻起，蝗蟲便會開始素食大胃王的一生。牠們一生中絕大多數時間，不是在進食，就是在進食的路上。一隻蝗蟲一天能吃下相當於自身體重的食物，如果換算到人身上，一天吃五、六十公斤的食物，再厲害的大胃王都會望而生畏，更何況蝗蟲是每天都吃這麼多。日復一日地「暴飲暴食」之中，蝗蟲會迎來總共五次的蛻皮，每一次都使得牠的體型顯著增大，意味著牠會吃掉更多食物。第五次蛻皮後，牠會長出完整的兩對翅膀，有了飛翔本領，正式步入成年的行列，要開始為後代著想了。成年蝗蟲可以飛到更遠的地方，尋找足夠的食物和配偶，而這時，翅膀將發揮另一個重要作用：交流。蝗蟲的小腿上有一排小刺，整體呈鋸狀，平時能給牠提供一些威懾力，而當牠用這些刺快速摩擦翅膀

蝗蟲產卵

時，便能發出「沙沙」的聲響，與拉小提琴有幾分相似，雖然聲音粗糙，但在「有情蝗」聽來卻是浪漫歌聲。終成眷屬的蝗蟲，懷上愛情結晶，就該準備產卵了。別看牠肚子軟軟的，產卵時卻能像地鑽一樣深入土中，把卵像播種一樣深埋地下，讓牠們在大地的保護中，安逸沉眠，度過秋冬。

旱極而蝗

產於土中的卵，躲避了絕大多數捕食者，但一旦下雨，卵不會被淹死嗎？當然不會，蝗蟲卵有獨特的防水機制，哪怕一直在水裡泡著也不受影響。而且，被水淹沒的蟲卵能感知水分且改變發育速度，避免在水中孵化出生。當水退去，土壤乾燥，蝗蟲寶寶便排著隊，破土而出。

為什麼旱極而蝗呢？第一年，水位低，蝗蟲產卵比較深；第二年，水位高，第一年的蟲卵無法孵化，同時其他蝗蟲繼續產卵；第三年，水位下降，這時，前兩年的蟲卵一起感知到乾旱，同時孵化。加上乾旱年代的食物匱乏，蝗蟲更容易聚集，形成蟲群，因此在旱災之後，往往很容易發生蝗災，禍不單行。

通常情況下，蝗蟲各自生活，此時的牠們相對溫和，最多為害一方，不足為懼。但在特定條件下，例如乾旱，原本散居的蝗蟲會形成群居狀態：由於食物匱乏而族群數量密度增加，蝗蟲們彼此間距離縮短，而在四～五隻蝗蟲聚集後，便會自發地產生資訊素——4－甲氧基苯乙烯（4VA）。4VA含量的增加會吸引更多蝗蟲聚集，蝗蟲密度的增加又會促進4VA釋放，由此形成滾雪球般的正回饋效應，最終使得超大範圍的蝗蟲聚集形成有序的集體。*

當然還有個有趣的說法，乾旱時食物匱乏，蝗蟲們開始自相殘殺，只有不斷地往前跑，才能不被吃掉，於是蝗蟲大軍就像受到統一指揮一樣，朝著大致相同的方向前進。

* Guo, X., Yu, Q., Chen, D.et al..4-Vinylanisole is an aggregation pheromone inlocusts.Nature(2020). https://doi.org/10.1038/s41586-020-2610-4

第一年（低水位）　第二年（高水位）　第三年（旱災）

蝗蟲與旱災的關係

天災來襲

蝗災與水災、旱災並稱中國三大災害。從西元前七〇七年至一九三五年的二千多年裡，中國歷史上有記載的蝗災共發生八百零四次，平均每三年就有一次嚴重的蝗災爆發。在生產力落後的年代，蝗災的出現極大地加重農民的生活負擔。文獻中的蝗災記載十分具有破壞力：

㈠晉孝懷帝永嘉四年（三一〇年）五月，大蝗，自幽、并、司、冀至於秦、雍，草木牛馬毛鬣皆盡。

㈡唐德宗貞元元年（七八五年）：夏，蝗，東自海，西盡河隴，群飛蔽天，旬日不息；所至，草木葉及畜毛靡有孑遺，餓殍枕道。

㈢一九三八年，戰爭期間的國民黨軍隊炸毀花園口黃河大堤，最終導致蝗蟲數量猛增，直至一九四二年河南大旱，蝗災暴發引發著名的「河南大饑荒」事件，一年時間，共計餓死三百萬人。

㈣蝗蟲不偏愛中國，在非洲以及中東地區，沙漠蝗稱霸一方。《聖經》記載神降下「十災」懲罰埃及法老王，就包括蝗災，遮天蔽日，吃盡草木。

凡此種種，不一而足。有意思的是，無論何時何地，蝗災的發生似乎總是「禍不單行」，並常在人類生活區附近。實際上，大規模蝗災意味著生態系統崩壞，而早期的農業社會，人類對自然的過度索取非常容易導致生態失衡，或許蝗蟲正是來自大自然的警告。

妥協與反抗

蟲之皇者為蝗，從這一個字就可以看出古人對蝗蟲的畏懼之心。

古代的生產力條件下，蝗災是人力無法抵抗的天災，農民無力抵抗，不是求助當朝統治者，就是聽天由命。可是即便是坐擁整個國家財富與軍隊的帝王，在蝗群面前也無可奈何。由此引發不同抗蝗流派：祈求蝗蟲之神口下留情的妥協派，跟隨抗蝗英雄戰鬥的反抗派。

妥協派的典型代表即八蜡廟，農民無法對抗蝗災，選擇向蝗蟲進貢，逐漸演變成對蝗蟲的崇拜信仰。八蜡信仰始於西周，從一開始便是國家信仰，廟宇最為繁多，人們透過祭祀八蜡神，祈求神靈寬慰，不降天災。用通俗點的說法，就是對蝗蟲神的賄賂，希望收了貢品的蝗蟲不要毀壞莊稼。江蘇豐縣的「螞蚱廟」，相傳正是賄賂蝗蟲神的成功案例。近三千年的文化發展中，八蜡廟也有了不同分支，但本質上都是妥協派，後來八蜡廟沒落，預示著這種

「聽天由命」的方式並不可行。

人們每年耗費大量的糧食供奉，然而蝗災依舊席捲，不斷擠壓之下，反抗派不再忍讓，舉起大旗反擊蝗蟲，其中最出名的便是「劉猛將軍」。與八蜡神這種官方「正統神仙」不一樣，「劉猛將軍」是民間「散神」，清朝時才被「招安」，成為公認的「抗蝗天神」。蟲王「劉猛將軍」並非姓劉名猛，而是一位劉姓的勇猛將軍，歷史上被奉為此神的，都是有豐功偉績、抵禦外敵的民族英雄，如南宋抗金名將劉錡和他的弟弟劉銳。他們都曾被附上驅蝗保農的英勇事蹟，而劉錡更在死後被追封為執掌除蝗的揚威侯、天曹猛將之神。百姓們認為蝗蟲過境猶如大軍來襲，攻勢凶猛不留情面，因此力推抗敵將軍出面反抗，祈求以「劉猛將軍」的天神之力壓制蝗蟲。有意思的是，許多蝗災重災區，同時設有八蜡廟與劉猛將軍廟，更有甚者，在山西原平市魏家莊有一座八蜡廟，又名蚜蚄廟，其中同時供奉八蜡蟲神與劉猛將軍，同日祭祀，可見天下苦蝗災久矣，妥協也好，反抗也罷，只要是能抵禦蝗蟲的天神都祭祀一番。

反抗蝗蟲的頭等大事不能只依賴神明，百姓們也有其他手段來對抗，其中有些漸漸演變成獨特的民族文化。山西稷益廟的壁畫中，有一幅極其精美的捕蝗圖，圖中兩名紅臉猛士押解著一隻五花大綁的蝗蟲遊街示眾。這隻蝗蟲足有半人大小，牙尖爪利甚是可怕；而其周圍則是眾多百姓，都在為這場戰爭的勝利喝采。關於彝族火把節的起源，其中有抗蝗的說法：相傳天神與民間各有一大力士，相約比賽摔跤，天神力士見民間力士以鐵餅做為糧食，害怕逃跑，不慎摔死；天神主神知道後很生氣，派蝗蟲大軍下凡吃掉百姓糧食，此時民間力士率領民眾將枯枝紮成火把，點火燒蝗；此後彝族人民便將其傳承下來，發展成火把節。布依族螞螂節也是民眾抵抗蝗蟲的智慧結晶：蝗災來臨之時，人們敲鑼打鼓想震懾蝗蟲，但發揮不了作用，用石頭砸飛蝗，卻會損壞莊稼；後來有人提議用稻草紮結成球，稻田兩端各站一人對打草球，成功趕走蝗蟲，保住收成，由此相沿成俗，形成螞螂節。之後，打螞螂（即蝗蟲）的習俗隨著布依族遷徙，逐漸發展成更具娛樂性的體育活動。

對抗蝗蟲還有一個更簡單直接的方法——以其人之道，還治其人之身！蝗蟲吃了我們的莊稼，我們就吃了牠！看起來像開玩笑的話，實際上是蝗災來臨之時的無奈之舉，徐光啟《農政全書》記載：「唐貞觀元年，夏蝗，民蒸蝗，曝，颺去翅足而食之。」《資治通鑑》記錄了唐太宗李世民生吃蝗蟲的情形：貞觀二年（六二八年）時蝗災肆虐，李世民十分生氣，抓了一隻蝗蟲就想吃掉，說：「我要把你五臟六腑吃了，不讓你去吃百姓糧食。」哪怕大臣勸說吃了會生病他也不怕。巧的是李世民吃完蝗蟲後，蝗蟲就逐漸退去，沒有氾濫。吃蝗蟲的習慣在許多地方都有，但大多是燒烤或油炸，生吞的方式確實不太衛生。現在能吃到的蝗蟲，幾乎全部來自蝗蟲飼養場，更加好吃和衛生。近些年來中國已經很少見到蝗災，有人說是蝗蟲不敢來，來了就會被十四億人吃掉。可是印度人口同樣眾多，對待食物的包容心更廣，但二〇二〇年初仍然遭受嚴重蝗災，可見吃不是解決蝗災的根本途徑。其實在大地上，科學家們早就築造隱形的防蝗圍牆。散居的蝗蟲其實不可怕，可怕的是聚集。針對蝗蟲生活從小到大的各個階段，都有相應的方法來遏制蝗災爆發，例如篝火誘殺、開溝陷殺、器具捕打、掘除蝗卵等；在一些容易暴發蝗災的草原，有專門的牧雞牧鴨，以家禽治蝗。但這些只能在小範圍蝗災初期發揮作用，更重要的是全方位的蝗蟲監測系統，即時監測蝗蟲種群密度，提前做好應對措施。當然，我們期待隨著科學進步，能找到更好的解決辦法，例如利用蝗蟲費洛蒙4VA對其進行大規模誘殺，或者透過抑制費洛蒙防止蝗蟲聚集成群等。

蝗災幾乎陪伴整個人類農耕文明的發展歷史，絕非妥協或反抗就能治理，需要有科學理論的指導與實踐，找到人與自然的平衡。每個優秀的獵手都是從最簡單的狩獵開始，或許曾經在草叢間抓蚱蜢的少年，最終能成長為對抗飛蝗天災的砥柱之才呢。

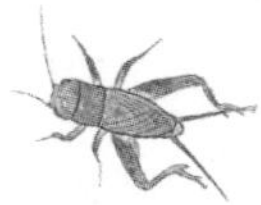

促織

鬥小蟲，升大官

城牆小蟲

磚瓦泥牆的巷弄中，蟋蟀是除了蒼蠅、蚊子外不多見的小動物之一，還總肆意地鳴叫，從而激起人們的好奇心。老一輩的昆蟲學家說抓蟋蟀是他們孩童時最愉快的回憶。起初是看著別人在巷弄裡鬥蟋蟀，也開始有樣學樣地尋找。到後來，大家都相信愈野外地方的蟋蟀戰鬥力愈強，為了能抓到最厲害的蟋蟀，他們跑到古城牆邊、跳進乾涸的護城河裡，甚至為了抓蟋蟀跋山涉水。費力尋找的蟋蟀也需要精心照料，捨不得吃的牛肉、雞蛋，都得分點給牠們。雖說付出許多辛苦，但只要能打贏一架，在巷弄中就能「稱霸一方」了。

馬達加斯加島上的居民抓蟋蟀則有更簡單的目的——吃！當地有種臺灣大蟋蟀（花生大蟋），叫聲響亮，平時躲在洞中不出來，依靠超級響的聲音吸引同類。而且臺灣大蟋蟀體型非常大，是普通蟋蟀的三~四倍，當地人捕捉蟋蟀，裹上麵粉油炸，吃起來外酥內嫩，還富含蛋白質，在肉類匱乏的馬達加斯加島是難得的美食。但這種蟋蟀不愛出洞，一有動靜就鑽進深處，而當地人則用特製的木片模擬蟋蟀的叫聲，他們邊走邊甩動木片，不一會就有路旁的蟋蟀回應，趁蟋蟀靠近洞口時迅速捕捉。這種方式效率很高，半個小時就能收穫十幾隻大蟋蟀。看來在吃貨面前，摸透一隻小蟲子的規律簡直易如反掌。

蛐蛐蟲鳴

夏日的夜晚總是十分熱鬧，悶熱的天氣，此起彼伏的蟲鳴，都為生活增添一些躁動不安。這些昆蟲是為夜晚而歌唱的精靈，往往在日薄西山時，迫不及待地出來展現歌喉，彷彿是搶奪舞臺的C位，領唱夜間的合鳴。樂曲之中，有低聲的長鳴持續伴奏如同大提琴，有高聲的躍動拍打節奏如同三角鐵，也有嘶啞的歌喉時不時破壞樂曲的美感。當然，對昆蟲來說，每一款聲音都是獨特的訊號，只唱給「對的蟲」聽。一般來說，複雜的樂曲更多發生在自然中，一片草坪能帶來風吹草動的沙沙聲，一灣溪水能帶來蛙聲一片的呱呱叫。如果說其中最好聽、最明顯的，定是節奏鮮明、音高清脆的「唧唧、唧唧」聲。這是由蟋蟀發出的聲音，也被具體地稱為「蛐蛐」，房前屋後的巷弄中，都少不了牠們的「聲影」。蟋蟀非常神祕，每次叫起來彷彿就在耳邊，可是當你一靠近，牠就停止歌唱；好幾隻蟋蟀此起彼伏，彷彿打著游擊戰，只聞其聲，不見其蟲。牠們的聲音為夏天帶來一絲清爽，伴著清風助人入眠。

為什麼蟋蟀會出現在房子附近呢？最主要的原因是蟋蟀對食物和生活空間的要求低。蟋蟀個頭很小，雖然有較好的跳躍能力，成蟲還能飛，但平時不愛運動，也不需要很大的活動空間，一塊石頭，一個牆縫，實在不行，草根底下打個洞就是牠們的家；而且蟋蟀不挑食，隨便一根小雜草，就足以滿足胃口。而這兩個條件在房屋周圍非常容易得到滿足，甚至比野外更加舒適——房子有大量的石頭、牆縫，為蟋蟀提供絕佳的隱藏地點；而房子周圍的草通常不會長得太大，方便蟋蟀取食的同時，還不容易引入其他競爭者或天敵。蟋蟀伴隨著人類的生活已經很久，《詩經．國風．豳風．七月》提到「七月在野，八月在宇，九月在戶，十月蟋蟀入我床下」，從夏到冬，隨著天氣變冷，蟋蟀會更加喜歡住到房子裡。

做為昆蟲，蟋蟀沒有喉嚨來發出聲音，取而代之的是翅膀上獨特的發聲器。翅膀是昆蟲成熟的標誌，成熟就意味著求偶與繁衍，蟋蟀正是透過翅膀來完成求偶的呼聲。蟋蟀的四片翅膀，一對靠前、靠上稱前翅，一對靠後、靠下稱後翅；右前翅下方有一整排細微的突起，猶如梳子般整齊，稱為音梳；左前翅對應位置有一個刮器，稱為音刮。當兩片翅膀相錯摩擦，音刮在音梳上刮過去，就發出悅耳的聲音，發聲原理與刮梳子是同樣的。蟋蟀鳴叫時，翅膀的摩擦有規律、有節奏，刮過去，刮回來，剛好是兩聲，因此大多數蟋蟀鳴叫起來都是「唧唧、唧唧」這樣的節奏，音調高而清脆。當然，有的蟋蟀不講究，臺灣大蟋蟀透過快速而持續地摩擦翅膀發出震耳的聲音，為的是讓更遠處的雌性聽到自己的呼喊。

黑臉將軍

蟋蟀是直翅目昆蟲，與蝗蟲、螽斯親緣關係較近，都有一對善於跳躍的後足。而由於生活環境和習性的差異，整體形態也有了區別。蟋蟀多在夜間活動，體色以黑色為主，更容易隱藏在黑夜中；體形較扁，方便在石縫中生存。為了相互溝通，牠們選擇透過鳴叫來找到同類。具有這些善於在黑夜中活動的優勢，但代價是視力變差，於是蟋蟀又透過長長

刮梳子發聲原理

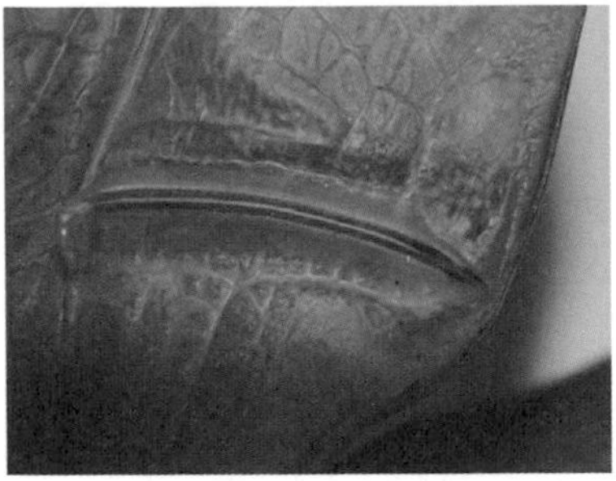

螽斯翅膀的音梳

的觸角來感知環境中的風險。整體看起來，蟋蟀黝黑的顏色，輔以兩根觸角，頗像京劇中的武生扮相，觸角猶如大將的雉雞翎，因此蟋蟀也有「將軍蟲」的叫法，當然可能更重要的是牠們好鬥的習性。一些種類的蟋蟀具有十分威風的大牙齒，做為吃素的昆蟲，這對大牙顯然是多餘的。事實上，這是牠們打架的武器。對於雄性蟋蟀來說，成年之後最重要的任務是完成繁衍，牠們會透過振翅鳴叫來向雌性分享自己的位置，但兩隻雄性蟋蟀離得太近，爭鬥就在所難免了。別看牠們個頭小，面對交配權這樣的大事時，打起架來都是殊死一搏，兩隻

蟋蟀外形

蟋蟀的大牙

蟋蟀爭鬥

蟋蟀利用大牙啃咬對方，打急了還會「振翅高鳴」替自己鼓氣，幾個回合下來，非死即傷，成王敗寇。

葫蘆小蟲

人的內心深處總是喜歡自然、嚮往自然，如果無法生活在自然中，就把自然請到家裡，這些鳴聲悅耳的小蟲，好養不占地，自然就是最佳選擇。自古以來就有人將這些蟲帶回家飼養，每天只為了聽蟲聲合鳴。養蟲容器的材質從竹篾到紅木、牛角，樣式從籠到罐、管，頗有講究。其中流傳最廣、最好的容器是蟲葫蘆，好的蟲葫蘆十分講究，要天然長成的葫蘆，葫蘆的肚是鳴蟲生活的地方，葫蘆中部收縮的地方稱為脖，而再往上又擴大的地方稱為翻，蟲葫蘆妙就妙在這三個地方，圓圓的肚在蟲鳴時能發生共鳴，而脖和翻則形成天然的擴音器，小小的蟲放在葫蘆裡，能叫得更加響亮好聽。此外，內行人還會去修理翅膀上的音梳結構，讓蟲子的叫聲更加好聽、有特色。養蟲時，葫蘆之上還有蓋，又是一種身分的象徵。行家一出手，一方面看葫蘆，一方面聽蟲響，好葫蘆配好蟲，慢慢形成獨特的鳴蟲文化。

常說的鳴蟲主要包括三類，蟈蟈、蟋蟀和油葫蘆。蟈蟈屬於直翅目的螽斯科，蟋蟀和油葫蘆屬於直翅目的蟋蟀科。蟈蟈體型更大，以綠色為主，白天活動。蟋蟀和油葫蘆體型較小，以黑色為主，晚上活動。其中蟋蟀剛孵化時呈白色，又稱白蟲，油葫蘆孵化時呈黑色，又稱黑蟲。飼養這三種鳴蟲的蟲葫蘆也有區別，不同的蟲配不同的葫蘆，都是規矩。其中蟈蟈是最常接觸到的鳴蟲，個頭大，壽命長，叫聲響亮，關鍵是不打擾晚上休息。現在還有人抓來賣，裝在竹籠裡，餵點胡蘿蔔就可以陪伴孩子一個愉快的夏天。

鬥蟋蟀

如果聽蟋蟀鳴叫是文人雅客的樂趣，鬥蟋蟀便是老少咸宜的「武力比拚」。相比一隻蟋蟀的獨鳴，兩隻蟋蟀在鬥盆之中，頂、踢、咬、鳴一番爭鬥，飽含著激情，而且生死難料。看似一場小小的娛樂遊戲，對盆中蟋蟀來說卻是生死之戰，對盆邊之人來說也是勝負之爭。

鬥蟋蟀在中國史書中有諸多記載，鬥蟲不分階級，從市井小民到達官貴人，甚至連皇帝都喜歡。

南宋蟋蟀宰相賈似道，任重要職務卻不關心國事，整日鬥蟋蟀玩耍，之後南宋滅亡，賈似道難辭其咎，落得千古罵名，而「蟋蟀宰相」也成為形容他的貶義詞。有意思的是，賈似道不諳國事，鬥蟋蟀上卻頗有建樹，他撰寫世界上第一部關於蟋蟀的著作——《促織經》，此書堪稱中國昆蟲學研究的第一書。

明朝也出了位「蟋蟀皇帝」明宣宗朱瞻基，其實明宣宗並非昏君，但做為統治者的他，對蟋蟀的喜愛過於高調，使得鬥蟋蟀一事成為國家活動。自上而下的官員為了討好皇帝，紛紛開始鬥蟋蟀，甚至專門徵收蟋蟀，有的人為了進貢一隻小蟲而傾家蕩產，而有的人卻僅因抓到一隻小蟲而升官發財。蒲松齡《促織》中記有「獨是成氏子以蠹貧，以促織富，裘馬揚揚」，記錄下這個獨特而荒誕的蟋蟀年代。

北京城做為千年古都，鬥蟋蟀也是城中最常見的娛樂活動。民間的鬥蟲更為熱鬧和諧，蟲子都是自己抓的，賭資也只是些瓜果糕點，贏了就分與看客共用，其樂融融。

鬥蟲不只鬥，不只是蟲鬥

鬥蟋蟀的樂趣，「鬥」只是其中之一，「抓」和「養」也是非常重要的環節，而隨著鬥蟲的發展，每一項都有非常多經驗傳承和講究。

先說「抓」，蟋蟀善於藏匿，要尋到一隻善鬥的非常不易，有人信風水找寶地，有人辨聲音尋強蟲。當然，蟋蟀的打鬥能力是基因、食物等產生的個體差異，但有一點是確定的，蟋蟀種類不同，打鬥能力也不同。白蟲、黑蟲是最常見的鬥蟋，而有「黑臉將軍」之稱的墨蛉則最為善鬥。

再說「養」，這是最講究的環節。養蟲的人相信蟋蟀養得好，戰鬥力才強。為了養好小小的蟋蟀，發展出一整套各式各樣的蟲具。飼養蟋蟀的盒子為蛐蛐罐，其中要放上專門訂製的食盆、水盆。野生蟋蟀通常吃嫩草、嫩葉，但養主為了讓蟋蟀獲得更好的營養，會輔以多種食材，米粉、血粉、肝粉、魚粉，按比例調配拌勻，再和水餵食，時不時可以補充點小蟲、小肉，更有甚者餵鮑魚、海參。喝水也有學問，講究的人要餵清晨的荷葉露水，把蟋蟀當神仙養。此外，蛐蛐罐中還要有遮蔽物讓牠躲藏，每天按規律餵食、餵水，還得保證有晒太陽的時間。甚至蟋蟀還有專門的鏟屎器，這項發明可比貓砂鏟早了一千年。

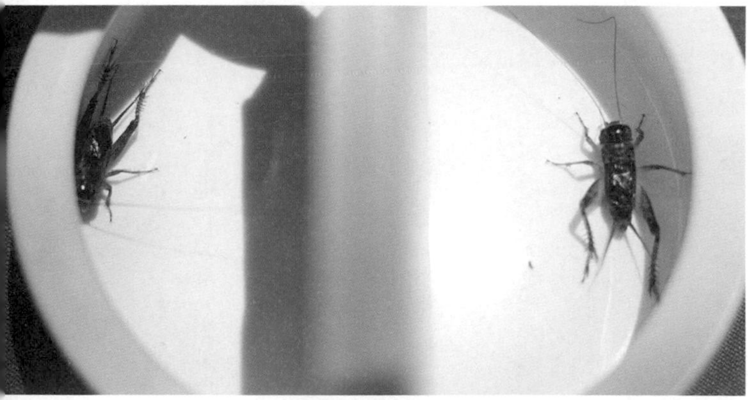

鬥蟋蟀前的準備

最後說最關鍵的「鬥」，可不是兩隻蟋蟀扔下去打架就好，有嚴格的規矩，得一步一步來。首先是秤重配對，別看蟋蟀大小差不多，打架也得分量級。要給牠們美餐一頓，吃飽了才有力氣打架。之後將兩隻蟋蟀放入同一個鬥盆，中間有一塊不透光的板子擋著，等兩隻蟋蟀各自調整鬥盆的環境，再取出這塊板子開戰。如果兩隻蟋蟀鬥志不高，則需要取一根硬毛，挑撥蟋蟀的觸角以激怒牠，幾次試探後，兩隻蟋蟀就會覺得是對方在挑釁，開始搏鬥。蟋蟀的爭鬥過程不能受到人為干預，通常敗者都會受傷，而牠們沒有自我恢復的能力，只得將其拋棄。當然也有為敗蟲感到惋惜，從而行厚葬的傳說。

鬥蟋蟀始於唐代，發展於宋代，繁盛於明、清。人們玩賞蟋蟀的過程中，發現兩隻雄性蟋蟀有好鬥習性，一些官宦之家先在宮禁中興起鬥蟋蟀的娛樂遊戲，而後傳入一般百姓家。當然，鬥蟋蟀不只是蟲在鬥，逐漸發展成賭博遊戲後得以快速傳播，變成一種頗具中國特色的蟋蟀文化。而隨著對賭博的限制，鬥蟋蟀不再是大眾化的遊戲。相比之下，衍生出的蟋蟀相關物品，則成為現在養蟋蟀的核心，常勝的蟲、高雅的蟲具，成為身分的象徵。

小小的蟋蟀從田野走進床下，從草莽之地走進大雅之堂，所承托的是人們對自然的觀察與喜愛，是人類馴服野生動物的成就感，更是昆蟲在中國文化中的歷史腳印。

螢火蟲

閃閃星空與森森「鬼火」

腐草為螢

大多數人的印象中，看見螢火蟲似乎是可遇不可求的浪漫邂逅，實際上，只是因為牠們不喜歡在城市的鋼筋水泥中生活而難得一見。全世界不同地方的科學考察過程中，與自然為鄰的我們，最喜歡的時間是夜晚，氣溫舒適，很多小動物更喜歡在晚上出來覓食，夜晚的探索往往會有更多收穫。而夜晚是螢火蟲的舞臺，甚至不用費力尋找，就會自動出現，在樹下草叢中飛舞，一閃一閃地躍動，彷彿在玩捉迷藏。中國古人認為螢火蟲是腐草中生長出來，認為牠們是「鬼界」生物，而一年中螢火蟲最活躍的時間大約是農曆七、八月間，其中包含七月十五「中元節」（鬼節），因此有人將螢火蟲奇異的光芒稱為「鬼火」。

但這明顯是一種誤解，全世界不同地方的人看到的螢火蟲不一樣。砂拉越河口紅樹林中生活著另一種螢火蟲，個頭較小，停歇在樹葉上發光，只有乘船到河口，才能看見牠們的身影。嚮導拿出黃光手電筒對著岸邊的紅樹閃幾下，不一會兒樹上逐漸閃爍出亮光。嚮導講解很多關於螢火蟲的知識，但唯一記住的是那句重複好幾次的「Merry Christmas」（聖誕快樂），即便當時剛進入四月。不過在這樹林中泛舟，數百萬隻螢火蟲在兩岸樹上閃爍，氛圍遠比聖誕節浪漫。

「凶猛」的肉食動物

螢火蟲喜歡在夏季的夜晚活動，但這與「鬼節」毫無關係，只是夏季溫暖溼潤，本身就是適合昆蟲繁殖的季節，螢火蟲的光芒只是呼喚同類的訊號。做為一種昆蟲，牠們不可能是「腐草而生」，有著自己的生活週期。會發光的通常是成蟲，其實牠們的樣子並不神祕，就是普通的蟲子，還帶著一絲可愛。而做為高調的昆蟲，牠們翅膀中的一對特化成為較堅硬的鞘翅，從而具備一定的防禦能力。是的，螢火蟲是一種甲蟲！與獨角仙、糞金龜等是近親，即便牠們長得如此不同。

螢火蟲從小到大歷經卵、幼蟲、蛹、成蟲四個階段。成蟲期對食物的要求不高，少量進食露水、花蜜就可以維持生存；但幼蟲期的螢火蟲可是不折不扣的「肉食者」，專挑跑得慢的小動物——蝸牛與螺下手。螢火蟲根據幼蟲大概可以分為陸生和水生兩大類，陸生幼蟲喜歡吃蝸牛、蛞蝓和蚯蚓等，而水生的則喜食淡水螺。牠們身體細長，頭部呈錐形，還有可以小幅度伸縮的口器，一切都是為了更好地捕食。螢火蟲幼蟲捕捉到獵物後，會先往獵物體內注射消化液，再用口器吸食消化後的食物液體。螢火蟲幼蟲的生活週期較久，通常需要十個月左右，期間會積攢大量能量，不斷蛻皮成長，直到羽化成蟲，開始發光。正因為螢火蟲獨特的食性和習性，牠們對生存環境的要求非常高：足夠的溼度和足夠乾淨的水源才能讓蝸牛和螺生長，因此螢火蟲通常只會出現在環境好的地方。

夜空閃亮

發光聽起來很簡單，太陽能發光，月亮能發光，但都無法主動

螢火蟲幼蟲

螢火蟲成蟲

控制；火也能發光，古代人類就已經會用火光驅趕野獸，用燭光照亮夜晚，但顯然這不是螢火蟲發光的方式。現代文明直到一八五四年才發明電燈泡，開啟電光時代，但和螢火蟲的發光比起來都太過粗糙。螢火蟲的發光是分子等級：牠們體內有一種被稱為「螢光素」的小分子物質，螢光素在三磷酸腺苷（ＡＴＰ）和氧氣的參與下，經過螢光素酶和鎂離子的催化，會生成一個高能量的激發態氧化螢光素和其他物質，隨後，氧化螢光素會自發地從高能量的激發態衰變回低能量的基態，這個過程會釋放光子，而許多光子一起出現，就會呈現出我們可見的螢光。

螢火蟲的螢光是一種非常獨特的冷光源，發光過程幾乎不伴隨發熱，意味著牠絕大多數能量都可用於發光，是一種效率極高的發光方式。與此同時，螢火蟲不用擔心自己被高溫灼傷。許多生物選擇夜晚生活是為了更好地隱藏自己，但螢火蟲卻反其道而行，肆意地暴露自己的位置，對牠們來說，比生存還重要的事情只有一件，就是繁衍。在漆黑的夜晚，一點微小的光亮都會格外顯眼，對敵人來說是這樣，對同伴來說更是如此。螢火蟲的許多種類中，只有雄性發光，雌性看見螢光後

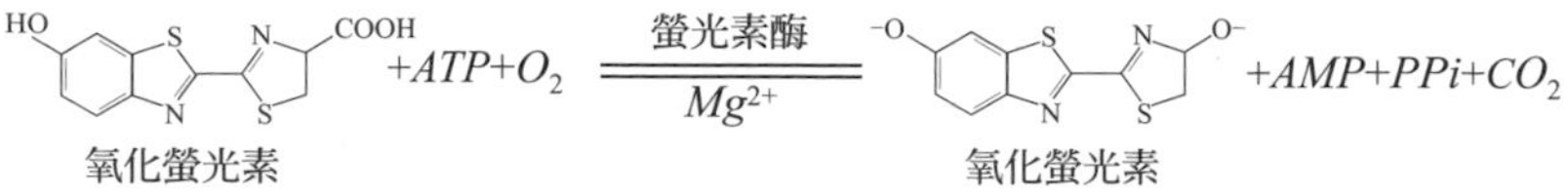

螢光素的氧化反應

去尋找雄性，雌性螢火蟲就不會暴露在危險之中。而有的種類，雌、雄都能發光，甚至會互動：雌性螢火蟲接收到光訊號後，會發光回應告訴雄性螢火蟲自己的位置。

實際上，雖然都會發光，但不同種類的螢火蟲，發光的顏色和頻率卻存在差異。一般來說，螢火蟲的螢光是黃色，牠們腹部下方有可以透光的白色薄膜，膜的厚度和色差會影響螢火蟲的螢光，於是出現肉眼看起來橙色、黃色，甚至綠色的不同螢光。而更獨特的是螢火蟲的發光頻率不只是簡單的一閃一閃，實際上會有長閃、短閃、快閃和持續亮等多種方式，螢火蟲的世界彷彿存在著一套獨特的摩斯電碼，不同發光頻率只有同類才能明白。而關於螢火蟲控制發光的開關，目前有許多假說，具體機理尚不明確，主流觀點認為螢火蟲透過腹部收縮來控制氧氣的吸收量，從而實現對光的控制，我們姑且當這是牠獻給愛人的專屬浪漫樂曲吧。

不一樣的光

螢火蟲家族成員很多，其中不乏比較另類的種類。巨雌光螢是一種「長不大」的螢火蟲，雌蟲不會變成成蟲，終生保持幼蟲形態，但身體卻會長大。與其他螢火蟲幼蟲不一樣，牠們肥壯的身體像一條毛毛蟲，四川發現的巨雌光螢是中國最大的螢火蟲。而牠蟲如其名，是一類只有雌性會發光的螢火蟲，雄性會正常長大成蟲，雌蟲平時躲藏在土壤落葉堆中，夜晚發光吸引雄性，雄性螢火蟲會從遠處飛來與其交配，完成繁衍任務。巨雌光螢身上發光的位置更多，覆蓋全身，彷彿夜光鎧甲，滿滿的科技感。

妖掃螢則是隱藏在浪漫螢光下的殺手，妖掃螢屬的雌蟲會模仿其他妖掃螢屬螢火蟲雌蟲的發光訊號，從而將其他雄蟲吸引而來，但吸引的目的不是繁衍，而是捕食。有的妖掃螢甚至擁有一整套的光訊號表，對於路過的妖掃螢雄蟲，對號入座地選擇訊號將其誘殺，真是一個浪漫的陷阱。

與時俱進的蟲

雖說螢火蟲與中元節、聖誕節毫無關聯，但智慧的古人除了「囊螢夜讀」外，也在多年的觀察中發現螢火蟲多出沒於七月、喜好腐草等規律。中國的二十四節氣是農耕文明的產物，體現勞動者順應農時，觀察天體運行，總結氣候、物候變化規律的智慧。二十四節氣依據太陽在黃道上的位置制定，地球圍繞太陽公轉一周為一年，而一年又可以分為二十四等分，其中夏至、冬至、春分、秋分與太陽關係最為密切，其餘節氣則是農時規律的精準體現，例如穀雨、芒種、霜降等。而二十四節氣之下，每一節氣又可分為「三候」，共七十二候，更準確地體現生物的出沒規律。最受認可的元代吳澄著《月令七十二候集解》中，與昆蟲相關的物候共有九處：立春二候，蟄蟲始振；立夏初候，螻蟈鳴；芒種初候，螳螂生；夏至二候，蜩始鳴；小暑二候，蟋蟀居壁；大暑初候，腐草為螢；立秋三候，寒蟬鳴；秋分二候，蟄蟲坯戶；霜降三候，蟄蟲咸俯。除了這九處，還有一個驚蟄是二十四節氣中唯一直接以昆蟲規律命名的節氣，意為蟄蟲驚而出走，是真正意義上萬物復甦的時節。

根據現代自然科學的研究結果，昆蟲的生長時間受到光照、溫度、溼度等多方面影響，不可能準時「上班」，但七十二候的描述卻大致符合昆蟲在一年中的生態規律。發現並總結規律往往是科學發展的第一步，而七十二候說明農業生產也能促進科學的萌芽。《詩經》有云：「七月在野，八月在宇，九月在戶，十月蟋蟀入我床下。」可見這種萌芽或許比我們想像的更為久遠。

專題 離奇昆蟲美食大賞

人類屬於靈長類動物，從根源上來説，屬於雜食動物，大自然中的任何東西都會拿來嘗試一番，昆蟲也不例外。隨著人類文明發展，我們逐漸選擇好吃又有營養的肉類和蔬菜類，慢慢開始對昆蟲嗤之以鼻。但與此同時，又不得不與昆蟲競爭著空間與食物；於是，或是出於好奇心，或是出於無奈，有許多昆蟲逐漸被人們接受且端上餐桌。

中國傳統觀念中，民以食為天，昆蟲做為與人類接觸最密切的動物，「被吃」是牠們不可避免的命運。吃昆蟲不是簡單的事情，其中蘊含著科學發展的原理：實驗，糾正錯誤，掌握規律，得出結論。昆蟲的種類和數量非常多，最早的「昆蟲美食家」們是在不斷的驚喜與試錯中走過來，而他們逐漸在這個過程中掌握昆蟲美食的規律，了解不同昆蟲「能不能吃，好不好吃，怎麼吃」的難題，並巧妙地發揮昆蟲的營養價值，將其應用在餐桌之上，增添獨特的美味。當然，大部分人還是難以接受昆蟲入口，牠們只存在於少數老饕心中的美味。接下來我將呈上十道昆蟲大餐，愈往後愈離奇，你能堅持到哪一道菜呢？

第一道：蠶蛹

剝開蠶繭，裡面便是一個蓄勢待發的蠶蛹。蠶繭可用於各式加工，而其中的蠶蛹則是製作點心的絕佳材料，或燒烤，或油炸，鹹鮮入味，酥脆的外皮包裹著軟綿的內餡，放入嘴中香酥可口，緊接著變成豆腐般的嫩滑，對喜歡的人來說是一份絕佳點心。蠶蛹有大小之分，南方多為桑蠶的蠶蛹，個頭較小，和花生差不多，東北地區則多為柞蠶的蠶蛹，個頭大，和葡萄一樣。桑蠶與柞蠶的蠶繭都可用於取絲紡織，有規模化的養殖，蠶蛹的獲取也非常便利，中國各地都能找到以蠶蛹為原料的食物。畢竟剝開蠶蛹上一環一環的紋路，其實就像一個大花生，沒有太多昆蟲的外形，又有獨特的口感和味道，算是最容易接受的蟲子食材，加上本身產量高，蠶蛹遂成為最常見的昆蟲美食。

第二道：蝗蟲

與人類幾千年的共處中，蝗蟲給人類帶來無數次饑荒，而人類迫不得已吃蝗蟲充饑。但就是在一次次對抗之中，逐漸發現各種絕妙的烹飪手段。從最簡單的火烤，到油炸、大火快炒，蝗蟲本身的蟲肉不多，烹飪脫水後所剩無幾，因此酥脆的表皮成為主角；烤熟的蝗蟲香脆可口，配以適當的調料，味道與口感比薯片好上數倍。俗話說「秋後的螞蚱，蹦躂不了幾天」，但秋末的蝗蟲是最為肥美的時候，多了翅膀，個頭也大，品嘗起來更加過癮。蝗蟲也是一道遍及中國的昆蟲美食，外形稍有些嚇人，但至少算是比較常見，絕大多數人可以接受，加上現在有專門的蝗蟲養殖，衛生和產量能有所保障。

第三道：蠍子

首先，蠍子不是昆蟲，而是節肢動物門蛛形綱蠍目昆蟲的統稱，標誌性的一對大螯和一根尾針確實令人過目難忘。蠍子捕獵時，先用大螯控制獵物，用尾針給獵物注射毒液，因此所有的蠍子都有毒，但即便如此，也逃脫不了被吃的命運。《本草綱目》記載全蠍能「息風鎮痙，攻毒散結，通絡止痛」，可見蠍子很多時候是以藥材的身分被人食用。山東有道名菜「油炸蠍子」，取活蠍用鹽水溺死，再下鍋油炸，烹飪過程蠍子毒素被破壞，品嘗的就是外酥內嫩的香脆感。而許多地方的小吃店，也會在攤位前面擺上幾串炸蠍子用以吸引顧客，品嘗的人不一定很多，但這一串串的「毒物」，確實能吸引不少目光。蠍子有「山蝦」的別名，當然蠍肉遠沒有蝦肉飽滿，炸蠍子更多吃的是外殼，如果能克服對外形的恐懼，或許算是一道不錯的山珍美味。

烤蝗蟲

炸蠶蛹

炸蠍子

第四道：臭屁蟲

半翅目異翅亞目的昆蟲統稱為椿象，身上長有分泌臭液的臭腺，受到攻擊時會釋放出來，因而得名臭屁蟲。大多數的椿象臭味非常難聞，而且一旦被噴到身上，持久不散。正是有了這個武器，椿象類幾乎所向披靡，青蛙吃了牠都會噁心得面目猙獰。或許有人就是喜歡，抑或人類發現香味的祕訣，臭屁蟲也被端上了餐桌。首先是兜蝽，俗名九香蟲，這個名字比臭屁蟲友好許多。新鮮的九香蟲確實有一定的臭味，但炒熟後，原本的臭味就會變成獨特的香味，加上本身酥脆的口感，宛如極香的炒瓜子，是絕好的下酒菜。然後是狄氏大田鱉，俗名桂花蟬，雖然名中有鱉有蟬，卻是一種水生的蝽類，而所謂的桂花味，實際上來源於牠的臭腺。桂花蟬體型較大，烹飪後香氣撲鼻，油炸是主流吃法，去除翅膀和腿後直接咀嚼，享受酥脆的口感和口中逐漸迸發的香味，這是昆蟲蛋白質和腺體分泌的多種味道混合，獨屬於昆蟲的美味。

第五道：爬沙蟲

廣翅目齒蛉科昆蟲，幼蟲時身體細長，腹部每節兩側有成對的氣管鰓，整體形如蜈蚣，別名「水蜈蚣」；因喜好在水流湍急的河中石頭下生活，尤其是沙石多的地方，故稱「爬沙蟲」。成蟲齒蛉有一對顯著的大牙，長相凶猛，可以啃咬樹皮、吸食樹汁，也可以捕食小型無脊椎動物。爬沙蟲是一種對水質要求很高的昆蟲，因此數量稀少，成為不可多得的食物，安寧市甚至稱其為「土人參」，認為爬沙蟲有獨特的藥效。雲南和四川等地有吃爬沙蟲的習慣，烹飪前掐頭抽出腸子，避免吃入泥沙，進而油炸、爆炒、煮湯都可以。但爬沙蟲獵奇的外形和藥效可能高於牠的口味，去除內臟的蟲子，油炸過後只剩下酥脆的外皮，本質上來講和其他炸昆蟲類似，味道上可能還少了點風味的轉變。

第六道：蚊子肉餅

非洲最大的湖泊是維多利亞湖，充沛的水資源帶來更多生命希望，但有時也會滋生大量蚊蟲。瑩蚊在這片水域中肆意生長，即便天敵很多，也抵擋不住牠們的繁殖速度。每當繁殖季節來臨，幾萬億隻瑩蚊從水中冒出，成群紛飛起舞，彷彿湖面煙霧。而活的煙霧不僅是鳥的豐盛大餐，湖邊的居民也十分喜愛。由於蚊子密度高得非比尋常，甚至不需要專門的捕捉工具，拿上鍋碗瓢盆，沾點水開始揮動，瑩蚊就不斷地被黏了上去，無數瑩蚊被聚集在一起，形成黝黑的肉餅，少油煎熟，便是可以媲美牛肉的蛋白質大餐。這一坨肉餅中含有五十萬隻螢蚊，如果不介意顏色和口感，營養價值甚至比牛肉還要高。

第七道：蜘蛛

蜘蛛是許多人的噩夢，八條長腿，吐絲織網，無往不利，即便蜘蛛在人類面前顯得十分渺小，我們還是非常害怕這個天生獵手。絡新婦是一類在中國南方非常常見的織網蜘蛛，常成群分布，各自織起的網相互交錯，彷彿難以逃脫的天羅地網。而且我們看見這些織網的蜘蛛都是雌性，雄性蜘蛛體型很小，躲在蛛網上伺機交配。因而在日本傳説中，絡新婦是一種蜘蛛變成的妖怪，專門誘惑男子。當然實際上絡新婦沒有那麼危險，牠們受到攻擊時的第一反應是逃跑，被抓住才會咬人，但較弱的毒性對人產生不了危害，反而是牠們的天羅地網捕殺了許多害蟲。然而做為一種節肢動物，終究還是逃不過外酥內嫩的命運。絡新婦的肚子肥大，成群分布也降低捕捉難度，只需拿一根Y形樹枝，順著蛛網纏繞，就可以輕鬆捕捉，簡單地燒烤就能激發最純正的香味。或許因為牠是一種肉食性動物，味道比蠶蛹、蝗蟲等更香。看來即便是可怕的蜘蛛，依舊是去腿可食的美味。

九香蟲

蚊子肉餅

爬沙蟲

絡新婦

第八道：豆丹

豆丹是豆天蛾的幼蟲，尾巴上的小尖刺是天蛾幼蟲的識別特徵。豆丹喜歡吃大豆葉子，對植物危害巨大，影響大豆結莢，農業上是不討喜的大豆害蟲，但因為取食大豆，本身沒有毒素或其他危害，這種肥美的蟲子逃不了入鍋的命運。秋季的豆丹到達末齡，體型最大，也是食用的最佳時機。人們通常會用擀麵棍將蟲肉擀出，再進行烹飪。蟲肉獨特的昆蟲蛋白，嫩滑的口感，再加上大豆葉的香氣，使豆丹成為許多人喜愛的昆蟲美食之一。但豆丹還有個更獨特的吃法——生吃！末齡豆丹的皮很厚，嚼起來像豬皮一樣，而咬破之後，就會有一股生大豆葉的味道瞬間充滿口腔，同時有嫩豆腐般的蟲肉滑入口中，每一次咀嚼都能體會到皮和肉兩種完全不同的口感體驗。當然，生吃昆蟲有較大的衛生風險，何況這麼大一隻青蟲，可不是誰都敢放入口中。

第九道：糞金龜

糞金龜媽媽將寶寶生在糞球之中，為的是寶寶能衣食無憂，也能躲過絕大多數捕食者的攻擊。沒想到即便是加上重口味的外殼，也逃脫不了被吃的命運。這可是從真正糞便中抓出來的蟲子，且不說吃，大多數人連聞都覺得噁心，因此是僅存於幾個少數民族的獨特食物。糞金龜幼蟲外形肥嫩，通常用於煲湯或油炸，口感上與其他昆蟲大同小異，最獨特的還是味道。得益於牠自己的食物，糞金龜吃起來有一股大腸味，或者說是屎臭味，加上本身蛋白質的味道，香臭結合，相得益彰。對於這樣的臭味美食，向來都是褒貶不一，再加上這個碩大的肉蟲外形，敢於嘗試的人更加寥寥無幾。

第十道：活蛆乳酪

乳酪是一種發酵過的牛乳製品，濃濃的奶香，軟糯的口感，成為許多人喜愛的食物，但如果乳酪上爬滿蛆蟲，還會有人吃嗎？義大利的薩丁尼亞島，有些人專門吃這種長蛆的乳酪。當然不是腐爛長蛆，人們會主動在乳酪上放蒼蠅幼蟲，也就是蛆，蛆蟲在乳酪中邊吃邊鑽，打散乳酪結構，同時分泌的酸液可以降低乳酪的脂肪含量，最終將乳酪轉變成質地綿軟、近乎流質的奶油。此外，蛆蟲還能有效抑制有害微生物的生長，從一定程度上保證乳酪不會過度腐壞，因此沒有活蟲的乳酪反而是不能吃的。一塊上好的活蛆乳酪中有成百上千隻蛆蟲不斷蠕動，有些人會提前將蛆蟲去除，只吃乳酪，而有的人則會統統吞下，這可能已經不是勇氣能支撐的了，還需要一些對文化與傳統的敬畏。當然，這種活蛆乳酪的健康風險還是存在的，因此被禁止出售，若想品嘗，只能去找少數掌握製作方法的酪農了。

大多數昆蟲美食的做法都是燒烤或油炸，這是因為昆蟲是一類外骨骼的生物，燒烤和油炸可以最大程度地發揮其外酥內嫩的優點，這也是很多老饕喜歡吃昆蟲的原因之一。也有許多人擔心昆蟲是不乾淨的食物，食用後容易拉肚子。實際上，正規昆蟲美食大多來源於飼養，而且昆蟲本身富含蛋白質，與其他食物並無太大差異。如果有機會，請嘗試品嘗一下，說不定會打開一個新的美食世界大門。

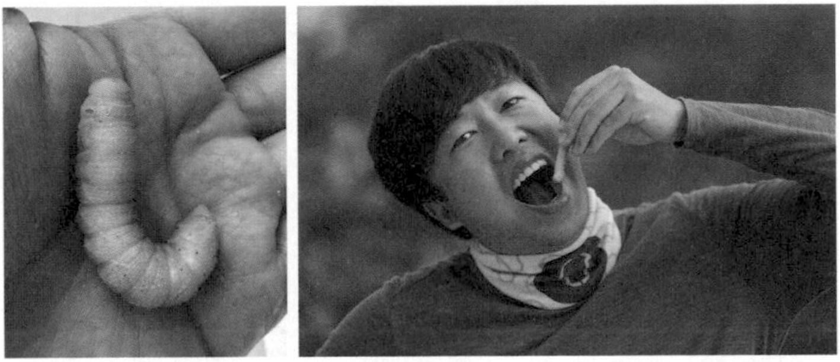

豆丹

活蛆乳酪

糞金龜

第三章

應用

昆蟲的價值

蠶

蠶絲編織貿易之路

難得的美食

野外科學考察的過程中，沿途的風景與收穫往往在短暫欣喜後就會遺忘，真正令人印象深刻的還是旅途中品嘗到的各地美食，特別是剛好趕上的當季食品，無論好吃與否，都會成為極其獨特的回憶，其中包含一道獨特的炒雞蛋。我們在遼寧省鳳城科學考察時正值秋天，東北的冬天非常寒冷，秋季是昆蟲一年中最後的「狂歡」，許多昆蟲在此時四處奔波、尋找配偶、產下後代或準備過冬，也是採集昆蟲的最佳時機。當我們結束一天的科學考察任務，回到居住的農家時又冷又餓，東北大姊非常熱情，馬上端上一盤炒雞蛋，嫩滑鮮美，瞬間哄搶而光。老師們還非常感慨，累了一天，炒雞蛋都變得極其好吃。我們向店家再要一盤卻被拒絕了，隨後大姊掏出一隻綠色大蟲子，老師們立刻認出是柞蠶，大姊說炒雞蛋是有了牠才好吃，把蠶肉用擀麵棍擀出來，和雞蛋一起炒，秋天的柞蠶最為肥美，是不可多得的美食，想吃還得再抓夠才有。談笑間，有幾位老師突然面露難色，回想起剛吃下不只一隻蟲子，對新端上來的每道菜都小心翼翼，不敢入口。

蠶其實是比較普遍的昆蟲美食，大多數時候直接將蠶蛹烤熟或快炒就可以吃了。有的地方會將待產的母蠶摘去翅膀後煮熟，吃的就是蠶卵的口口爆漿。更有甚者，在野外尋得的野蠶，直接生吃！

蠶是一種我們非常熟悉的蟲子，被吃的通常是野生的柞蠶、野蠶等，而另有一種家蠶，則在中華文明的發展過程中，發揮更加重要的作用。

先祖與先蠶

中華文明已有五千年之久，上古時期許多歷史都帶著些許玄幻色彩。黃帝與炎帝的部落在逐鹿中原、大勝蚩尤之後，發展農耕，造字製衣，正式開啟天下一家的中華文明之路。蠶也從這時候開始進入人類的生活。

黃帝的妻子為嫘祖，相傳黃帝命嫘祖為部落人民準備衣服，可是當時只能用獸皮製作，非常難以取得，嫘祖終日苦思無果，難過得吃不下飯。姊妹們不忍看她挨餓，就想去尋找一些好吃的野果，可惜一無所獲，直到返程路上發現樹上結有奇特的小白果，她們摘下品嘗，發現嚼不動，還沒有味道，但天色已晚，實在沒有辦法，就摘了一些帶回去呈給嫘祖。嫘祖沒多想，拿起就吃，旁人勸她不好吃就別吃了，這時她卻心情大好笑了起來，原來，她發現這個小白果並非水果，上面附有許多白絲，而這些白絲或許可以解決她的製衣難題。第二天，她馬上前往白果的發現地，果然看見樹上有一條小蟲正在吐絲將自己包裹起來。之後，嫘祖開始帶領部落種植桑樹，養蠶抽絲，織布製衣，開創人類飼養昆蟲的篇章。

這則故事只是眾多傳說中的一版，但不變的是嫘祖做為養蠶始祖的地位，後世尊嫘祖為蠶神，時時祭拜。

唯一被馴化的昆蟲

家蠶屬於鱗翅目蠶蛾科，與蝴蝶是近親。從小到大的生長過程中，家蠶必須經歷四個階段的完全變態發育。其中最獨特的點就是化蛹階段的吐絲。蝴蝶幼蟲準備化蛹時也會吐絲，但只有少量的絲線來輔助固定，而蠶則會在周圍滿滿地圍上好幾層絲線，將自己緊緊包裹在裡面，再進行化蛹。外層白色的絲線稱為「繭」，有人稱其「作繭自縛」，其實這是牠們的自保手段，這些絲線有著超強的韌性，很難從外部打開，蠶蛹可以較安逸地在其中完成蛻變。等到時機成熟，牠們會利用自己的唾液，從內部將蠶繭溶解出一個洞，再從中破繭而出（成語中有「破繭成蝶」一詞，實際上，蝴蝶不會結繭，真正能破繭的是飛蛾）。

昆蟲的種類有一百五十萬種之多，而家蠶是唯一真正被馴化的昆蟲，牠們非常適應人類的養殖：

㈠產卵量極高，而且母蠶會成片產卵，易於收集；
㈡幼蟲生長迅速，取食桑葉很容易得到；
㈢幼蟲能極高密度地養殖，不會爭搶，不

蠶繭與蠶蛹

易得病；

㈣成蟲完全不會飛，不用擔心逃逸，交配與產卵時間短。

家蠶與野蠶不是同一種昆蟲，原本非常接近，卻走了兩條完全不同的道路，五千年養殖過程中，家蠶已經變成非常適合規模化養殖的昆蟲，甚至把家蠶放歸野外，牠們已無法適應自然環境，只能滅亡。家蠶的生長與繁衍依靠人類，而人類也從牠們身上獲取所需的絲線。

織絲成繭，擇繭繅絲

一個蠶繭的絲線有九百～一千五百公尺長，對體長最多八公分的蠶來說是非常誇張的長度，相當於一百八十公分的成年人，牽著一根三十三公里長的線。蠶是怎麼把這麼多絲線藏在肚子裡呢？實際上，蠶絲不是在蠶的身體中產生，蠶的體內有專門產生絲線的器官——絲腺，這些腺體中儲存著液態的蠶絲纖維，當這些蠶絲被吐出、拉長，在結晶的作用下形成固態的蠶絲。因此蠶吐絲時，不是把體內的絲吐出來，而是先讓絲線液體黏在一個地方，透過頭部向後擺動拉長的過程來形成絲線，因此，蠶可以在體內「儲存」超長的絲線。

每一根最小單位的蠶絲只有〇．〇一公釐寬，而這麼纖細的絲線卻編織了蠶蛹最重要的保護罩。蠶寶寶吐絲時，首先透過在頭部左右兩邊的兩個絲腺，每次同時產生兩根絲，透過纏繞增加絲線的強度；然後，牠們會以「8」字形的軌跡不斷重複地覆蓋上一層又一層的絲，以確保整個繭的強度；最後，蠶絲的絲線中有兩種非常重要的蛋白質成分，一是蠶絲纖維的主體絲線蛋白，二是增強蠶絲強度的絲膠蛋白，吐出的不同絲線會在絲膠蛋白的作用下相互黏合，最後成為堅不可破的屏障。

蠶繭如此牢固，為了將其中的絲線取出，需要獨特的方法。好在蠶絲中的絲膠蛋白會在熱水中破壞溶解，而蠶絲本身不受影響，因此可以透過煮繭的方式獲取。一般來說，蠶吐絲結繭的過程是一次性完成的，也就是說其中的絲線是完整一根，從熱水中的蠶繭抽出絲線頭，隨著絲線被不斷抽出，蠶繭會在水中翻滾，直到整根線剝離，這就是繅絲。為了獲得蠶繭上這條完整的絲線，我們不能輕易破壞結構，也不能讓牠自己破壞，所以需要趁牠還未鑽出的時候煮繭——很遺憾，煮繭繅絲意味著會殺死其中的蠶蛹。對這些用於繅絲的蠶繭來說，是真正意義上的「春蠶到死絲方盡」，奉獻自己，成全他人。

蠶絲聚集成股，編織成布，形成絲綢。絲綢顏色潔白、質感輕薄，是絕佳的製衣材料。西漢出土的一件絲綢衣，薄如蟬翼，極其輕便，可見在二千一百年前，以絲綢製衣的技術已經爐火純青，但蠶絲的作用不僅限於製作絲綢。

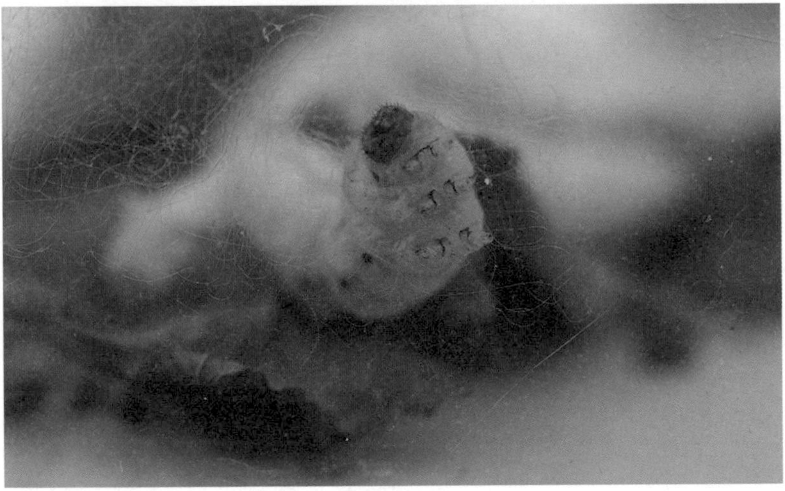

蠶吐絲

蠶絲被的製作不需要繅絲的過程，而是把繭剪開，煮化後將整個繭撐開拉扯成平面，無數的繭絲不斷堆疊，最終形成厚厚的蠶絲被芯。蠶絲被拉扯之後非常蓬鬆，其中

西漢・素紗禪衣

的孔洞形成極好的保暖效果；而其中的蠶蛹也會被提前取出，另做他用。

帛書是造紙術之前用於記錄的高級「紙張」，相對於傳統的竹簡和石碑，帛書顯然更易攜帶，但礙於生產力的限制，只有少數權貴能使用。而得益於絲綢耐保存的優點，記錄在帛書上的文字成為非常重要的史學研究材料。距今最早的春秋時期的楚帛書，在二千五百年後的歲月中歷久彌新。

防彈衣能阻擋高速飛行的子彈，給人提供最大程度的保護。一般認為防彈衣應該厚實堅硬，但防彈衣誕生之初，絲綢才是最好的材料。波蘭裔工程師卡西米爾．齊格倫（Casimir Zeglen）最初設計防彈衣時，就提出「密集編織」的要求，而這至今都是防彈衣的主流設計方向。齊格

齊格倫和蠶絲防彈衣

倫試驗的多種材料中，絲綢最能符合要求。絲綢有著意料之外的高強度，受到瞬間衝擊時表現得更加堅韌。可惜絲綢的高成本限制防彈衣的推廣，慢慢地被新興的人造高分子聚合纖維取代。

骨折手術的修復，通常需要用螺絲或夾板輔助固定骨骼，當骨骼修復完成再取出，意味著需要二次手術。國際期刊《自然通訊》（*Nature Communications*）在二〇一四年報導的小鼠實驗中，蠶絲製成的螺絲可以在體內自行降解；二〇二一年，西安的西京醫院完成世界首例蠶絲螺絲的應用。這種特製的蠶絲螺絲可以在初期提供足夠的強度以支撐骨骼，一年後逐漸降解並被人體完全吸收，不會帶來額外的手術風險和副作用，具有非常好的應用前景。

凡此種種，不勝枚舉，蠶絲的運用超乎我們的想像，為我們帶來的還有一條享譽古今中外二千餘年的絲綢之路。

絲綢之路

絲綢是一種非常輕薄、溫潤的織物，比起傳統的棉麻更受歡迎，但很長一段時間內，只有中國人真正掌握養蠶繅絲和絲綢的編織技藝，因此其他國家的人民只能從偶爾傳入的舶來品中感嘆絲綢的精美。西漢時，漢武帝派張騫兩度出使西域，打通長安到中亞、西亞並連接地中海各國的陸上絲綢之路。有趣的是，張騫第一次出使西域雖沒有成功，卻發現當時身毒國（今印度）中已經傳入來自四川的蜀布，後人透過探索正式打通從雲貴高原通往印度的南絲綢之路。

實際上，絲綢之路不是一條具體的路線，而是中國與中亞各國以絲綢貿易為媒介的貿易通路，距今有二千多年歷史。各個朝代的貿易需求不斷擴展著新的路線，其中包括海上絲綢之路，組合成的是一個巨大的貿易網路。絲綢之路的出現促進國際貿易，更重要的是加深各文明之間的交流，即便到了現代，它依舊在國家交流和全球一體化中發揮重要作用。

一隻小小的蠶，吐出長長的絲，這根絲貫穿了時間，連通了空間，在人類文明的發展史中，編織下了濃墨重彩的絲綢篇章。

蜜蜂

辛勤勞動，全身是寶

甜蜜的代價

蜜蜂一定是科學考察中最常見的昆蟲，每一個陽光明媚的天氣，牠們都會在花叢中忙碌。但奇怪的是，蜜蜂巢卻極難尋覓，樹上掛著的圓形巢肯定不是蜜蜂巢，而是危險的虎頭蜂巢，不僅沒有蜜，一旦被大量的虎頭蜂攻擊，還會有生命危險。家養的蜜蜂有蜂箱，但野外的蜜蜂巢則會藏匿在更為獨特的地方，畢竟寶貴的蜂蜜是許多動物青睞的美食。馬來西亞的一次科學考察途中，我們入住一間非常破敗的旅館，房間的燈都壞了，卻沒有人維修，旅館老闆讓我們去倉庫取燈自己換。倉庫顯然很久沒有整理，布滿灰塵，但比灰塵更加神奇的是倉庫中持續不停的嗡嗡聲，開燈一看，發現竟然有三個大蜂巢，蜜蜂把蜂巢修建在汽車輪胎中間，堆得滿滿的，輪胎上還有溢出來的蜂蜜。蜜蜂把家園修建在最隱蔽的地方，而採蜜的工蜂則忙碌地從窗戶縫進進出出。徵得老闆同意後，我們派出最懂蜜蜂的昆蟲學家，對其中一個蜂巢進行採集工作，採集若干蜜蜂標本的同時，重點採集了蜂蜜，這下徹底消除我們對旅館環境的抱怨。至於代價嘛，只有一人被螫，非常划算。野生蜂巢一般建立在洞穴、樹洞等昏暗的地方，但無論什麼時候，千萬不要隨便去招惹任何蜂巢，再專業的人都抵抗不了大量蜂毒。特別是在科學考察過程中，由於無法及時得到治療，任何小傷害都有致命的危險。

勤勞與無私

一般來說，我們不會用擬人化的方式形容昆蟲，牠們的所作所為都是為了生存，都是在大自然的規矩之中。但對於蜜蜂，我們卻從不吝溢美之詞：蜜蜂是勤勞的，每個不下雨的天氣都會在花間忙碌；蜜蜂是無私的，辛苦收穫的蜂蜜完全貢獻給集體；蜜蜂是慈愛的，認認真真照顧著族群的後代；蜜蜂是無畏的，面臨危險毫不退縮，不惜犧牲自己來抵禦敵人。

蜜蜂是最常見的昆蟲，嗡嗡地在花朵間徘徊，探尋著每一朵花，然後埋入其中採擷花蜜，帶出滿身的花粉又飛往下一片花叢。蜜蜂有著昆蟲普遍的特徵，身體分頭、胸、腹三部分，有一對觸角、兩對翅膀和三對足，但仔細觀察，就會發現牠們身上的一切彷彿都為了採花蜜而生。首先，蜜蜂的頭部和胸部有非常多絨毛，當牠們在花中穿梭時，花粉很容易沾在絨毛上，這是牠們收集花粉的第一步。然後是蜜蜂身上最獨特的結構，第三對足——攜粉足。與其他足相比，攜粉足更加寬扁，同時上面長滿剛毛，利用剛毛之間的黏滯力，蜜蜂會將身上沾滿的花粉收集起來，沾在攜粉足上，看起來就像背了兩個專門的花粉籃。蜜蜂的觸角也非常容易沾上花粉，但觸角是非常重要的感知器官，需要時刻保持乾淨清潔，因此蜜蜂的第一對足特化為淨角足，淨角足的一處關節上有凹槽，凹槽中有非常細的絨毛，還有可以開闔的活門。當觸角需要清理時，蜜蜂會低頭把觸角放入淨角足的凹槽中，闔上活門，觸角在槽中一刮，就可以把上面的花粉梳理出來。蜜蜂還有一個獨家口器——咀吸式口器。大多數昆蟲的口器都只具備單一功能，而蜜蜂彷彿長了兩個嘴巴：上顎是較短的兩顆「大牙」，行咀嚼功能，主要用於建立蜂巢和叼幼蟲；下顎和下唇形成「吸管」，行吸取功能，主要用於在花朵中採集花蜜。這些雖然僅是外表的特化，卻可以從中看到蜜蜂近乎極致的進化之路。

蜜蜂是社會性昆蟲，不只是簡單地集群生活，一個蜂群有著嚴格的等級制度和職位分工。數量最多的是工蜂，負責蜂群的各項事務，包括採蜜。工蜂採集的花粉、花蜜，都不會自己享用，而是存放在公共巢室中，等待分配。有序分工使得蜜蜂族群很容易發展，但過度集中也帶來更大的威脅——不少動物都饞蜂蜜。好在蜜蜂雖小，卻有著厲害的武器——螫針。工蜂的螫針是由產卵器特化而來，螫針連接蜜蜂的內臟，其中最重要的是毒腺，能為螫針提供毒素。工蜂攻擊敵人時，會將螫針紮入對手體內並注射蜂毒。蜜蜂的螫針上有許多倒刺，即便自己被甩開，倒刺也不會脫落，而且毒腺和內臟會繼續與螫針連在一起，提供毒素。但也意味著蜜蜂的死亡，牠們是用敢死隊的方式抵禦危險。很多時候一隻蜜蜂的攻擊不足為懼，但一群蜜蜂持續性蜂毒攻擊會帶來劇烈疼痛，甚至危及生命，因此蜜蜂在自然界中絕對是不好惹的角色。蜜蜂也知道自己不好惹，大搖大擺地四處飛舞，絲毫沒有躲藏的意思：牠們身上是黃色、黑色相間的條紋排布，這種顏色在自然界中非常顯眼，彷彿宣告自己的強大，我們也將這類暗示著危險因素的顏色稱為警戒色。許多昆蟲也裝模作樣地「打扮」成蜜蜂的樣子，讓其他生物以為牠們是蜜蜂，從而不敢輕易地攻擊，其實牠們沒有什麼實際的攻擊手段。這種無毒生物模擬有毒生物的有趣行為，稱為「貝氏擬態」。

井然有序的蜜蜂帝國

蜜蜂族群有著嚴格的階級劃分，既有負責繁殖的階級，也有較少繁殖甚至完全不繁殖的

蜜蜂採花蜜

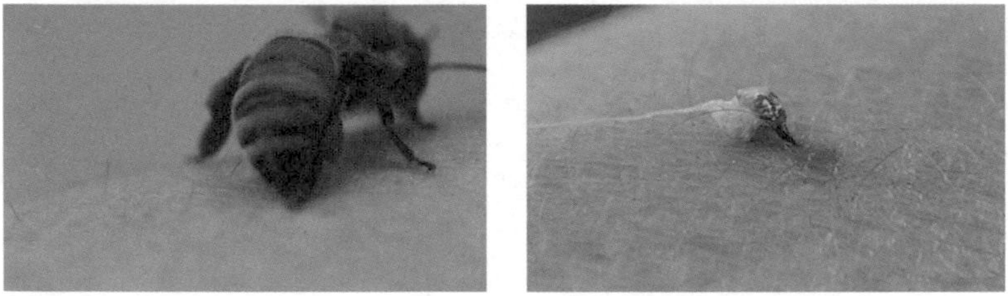

蜜蜂螫針

模擬蜜蜂的「蒼蠅」

階級；而後代是由整個族群共同撫育，無論是否是自己親生的。這種社會性結構在動物界中不普遍，而蜜蜂帝國則是非常典型的代表。蜜蜂族群中有三種成員，分別是蜂后、雄蜂和工蜂；牠們有不同的成長方式，擔任著不同職責。

蜂后

蜂后是蜜蜂族群的最高統治者，有發育完全的生殖系統，是蜜蜂族群中唯一有繁殖權的階級。最主要的任務是產卵，保證種族延續，而後代的撫育則交給工蜂完成。蜂后還控制著整個蜂群：一方面，透過激素控制工蜂，指揮蜂群的運轉；另一方面，牠們會透過性外激素來抑制工蜂幼蟲的性腺發育，避免產生新的蜂后影響蜂群。當然，族群壯大後，蜂巢會慢慢變得擁擠，此時就需要有新的蜂后來分擔了。工蜂會建立專門的大號巢室——蜂王臺，老蜂后會同步在數個蜂王臺中產卵，這些預備蜂后會在蜂王臺中生活，並吃著蜂王漿長大。等到羽化出來，這些預備蜂后需要透過一場廝殺來證明自己，相互之間用螫針打架（牠們的螫針不是一次性），只有最終勝利的蜂后才能成為新蜂王。新蜂王會找時機和雄蜂交配，回來接管蜂巢成為新的領袖，而老蜂王則主動讓位，帶上一些工蜂「親信」，尋找新的地方，建立新的蜂巢。

雄蜂

蜜蜂的繁殖非常獨特，蜂后會生出兩種後代：受精的卵之後會發育成工蜂，而沒有受精的卵則發育成雄蜂。雄蜂沒有父本，是蜂后透過孤雌生殖產生，只有蜂后一半的染色體；牠們的任務很簡單，和其他蜂群的新蜂后進行交配。雄蜂是蜂巢中的常備「種牛」，每巢通常約有五百隻，但地位很低，只能在蜂巢邊緣生活。而雄蜂具有更大的複眼，以方便尋找雌性蜂王，牠們就是為了交配而生，僅此而已。

工蜂

工蜂是蜂巢中最常見的類型，平均每巢有六萬隻工蜂。牠們維持整個蜂群的運轉，負責蜂群中生孩子之外的一切事務。工蜂都是雌性的，但在蜂后的控制下，牠們完全沒有繁殖能力。工蜂的壽命較短，成蟲後只存活五～六週，但即便是這麼短的時間，牠們在不同年齡也會有不同任務。總體來說，工蜂的一生可以分成兩個階段：前半生比較年輕，智力發達，負責複雜的巢內工作，即內勤蜂；後半生相對年老，智力下降，負責危險的巢外工作，即外勤蜂。工蜂的一生可以細化為以下階段：

一～三天：清理巢穴。剛羽化的工蜂就得開始忙碌的生涯，需要把自己住過的巢室打掃乾淨，以便給新幼蟲使用。

四～十二天：照顧同伴。年輕的工蜂主要在巢室中忙碌，照顧蜂后、幼蟲等。

十三～二十天：巢穴事務。此時的工蜂開始負責蜂巢的打理，例如搭建蜂巢、儲藏蜂蜜、調節巢穴溫度、清理垃圾等。

二十一～二十三天：守衛巢穴。工蜂前半生的最後一個階段是守衛蜂巢，利用螫針攻擊靠近的動物和虎頭蜂等入侵者。對工蜂來說，每一次防守都是捨命相搏。虎頭蜂是蜜蜂的死對頭，一隻虎頭蜂一分鐘可以消滅四十隻蜜蜂，然後鳩占鵲巢，以蜜蜂幼蟲和蜂蜜為食。為了應對虎頭蜂，工蜂會採取特殊招數：牠們一起圍住虎頭蜂，利用自身翅膀振動產生高達四十六℃的溫度來熱死虎頭蜂。虎頭蜂耐熱性不如蜜蜂，會因高溫和缺氧先行死去，但這個過程中，仍有不少工蜂死在虎頭蜂的螫針下。

二十四～四十二天：採集花蜜。當工蜂來到後半生，生命將變得不那麼重要，於是開始從事最危險的工作——外出採集花蜜和花粉。採蜜過程中會遭遇各種危險和天敵，還需飛行數公里，但絕大部分工蜂還是能很好地完成任務，回歸巢穴為整個族群提供食物。

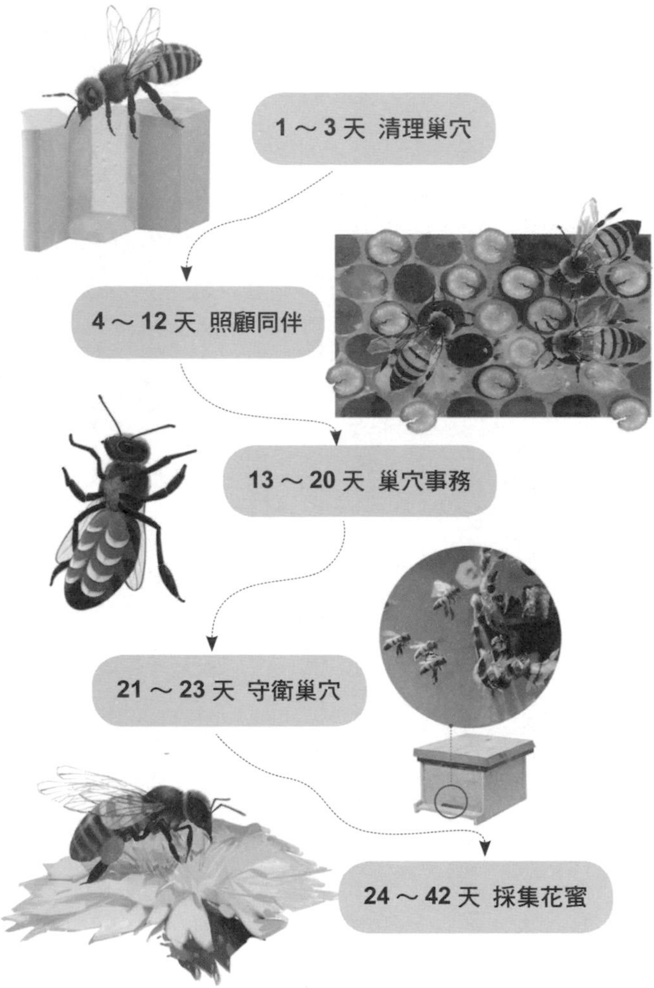
1～3 天 清理巢穴
4～12 天 照顧同伴
13～20 天 巢穴事務
21～23 天 守衛巢穴
24～42 天 採集花蜜

工蜂的分工

蜜蜂的價值

蜜蜂對人類最大的貢獻就是蜂蜜，蜂蜜是由工蜂採集的花蜜釀造而成，但過程卻非常複雜。一般來說，植物的花蜜含有約七五%的水分，而蜂蜜的含水量僅二〇%。工蜂採集花蜜時，會將花蜜混著唾液，直接吸入身體裡的蜜囊中，此時的花蜜在唾液中相關酶的作用下開始糖類轉化。回到蜂巢後，工蜂將花蜜吐入巢格中，接著由內勤蜂負責在蜂蜜附近扇動翅膀，幫助蜂蜜快速揮發水分。當蜂蜜水分降至二〇%左右時，蜂蜜中的糖分基本轉化完成，這時內勤蜂會用蜂蠟給蜂蜜封口，做為儲備。

蜂蜜的糖分很高，是非常好的能量食物；此外，蜂蜜源自花蜜，含有來自植物的大量維生素和次級代謝產物，因此蜂蜜具有較高的營養和保健價值。《神農本草經》描述蜂蜜「主治心腹邪氣，諸驚癇，安五臟諸不足，益氣補中，止痛，解毒，除眾病，和百藥。久服強志輕身，不饑不老」。近代實驗證明，蜂蜜在治療胃潰瘍、增強體質、預防流感、改善腦力等方面都具有一定的醫療價值。除了蜂蜜以外，蜂巢中的所有成分都有價值：蜂王漿有提高免疫力、抗疲勞的功效；蜂花粉能補充蛋白質、氨基酸和維生素等營養成分；蜂蠟可用於製作蛋糕蠟燭、口紅蠟油、藥丸丸衣等；蜂膠對糖尿病和高血脂有一定的治療效果。

蜜蜂不只蜂蜜

蜂蜜只是蜜蜂帶來的最直觀價值，其實牠們對人類甚至對整個地球都有至關重要的作用。有一個廣為流傳的愛因斯坦（Albert Einstein）預言：「蜜蜂滅絕後，人類最多存活四年。」雖然無法證實此說法是不是出自愛因斯坦，但大家對於內容似乎從來沒有懷疑。一方面是被「愛因斯坦」誤導，另一方面是我們真的相信蜜蜂對於人類非常重要。

蜜蜂與農業

工蜂在花朵間採集花蜜的同時，毛茸茸的牠們會沾上大量花粉，飛往另一朵花時，這些花粉就會被傳播出去，傳粉是植物結果前的重要步驟。植物的傳粉方式中，依靠昆蟲是最有效、最常見的方式，而蜜蜂則是數量最多的傳粉昆蟲。蜜蜂的參與能大幅增加植物的結實率，增加植物產量。此外，有研究表明，有蜜蜂活動的區域，毛毛蟲會減少對植物葉片的啃食，從而降低植物的損傷。現代農業，特別是果實作物產業中，蜜蜂幾乎成為標配的必需品。

蜜蜂與生物多樣性

蜜蜂的傳粉增加植物之間的基因交流，產生更多遺傳組合後代，增加植物多樣性。而大量的蜜蜂也可以做為生態食物鏈中的底層結構，增加地區動物的多樣性。

蜜蜂與人類

環境檢測：蜜蜂的採蜜範圍非常廣泛，可以透過對蜂蜜成分的檢測來判斷一個地區的環境是否受到汙染。

蜂毒治療：工蜂螫針中的蜂毒，雖然是用來攻擊敵人，但在治療風溼性關節炎、神經炎等疾病上卻有獨特療效，蜂毒結合針灸成為一種頗具中醫特色的療法。

養蜂業：養蜂業具有很多優勢，例如不占耕地、不受城鄉限制、投資回報快等。養蜂業是個農民發家致富的優秀產業。

此外，蜜蜂還啟迪人類的研發和科學發展，這部分內容將在第五章進行敘述。

保護蜜蜂

世界上屬於蜜蜂屬的蜜蜂共有九種，其中養蜂業使用最多的是東方蜜蜂和西方蜜蜂兩種。東方蜜蜂原產於亞洲，中國也有一個亞種——中華蜜蜂（*Apis cerana cerana Fabricius*），是土生土長的蜜蜂，具有更好的抗病性和對抗天敵的能力，集群攻擊虎頭蜂的方式就是中華蜜蜂的看家本領。西方蜜蜂起源於歐洲、非洲、中東等地區；歐洲地域狹小，氣候偏冷，每年的花期只有短暫的幾個月，西方蜜蜂為了適應這種氣候，演化出非常強的採蜜能力，花期採集的蜂蜜就能供給蜂群全年使用。對於蜂農來說，採蜜能力關乎蜂蜜的產出，因此二十世紀後，中國的蜂農大量引進西方蜜蜂族群，在氣候溫潤的中國，牠們可以全年無休地產蜜，有的蜂農甚至攜帶著蜂箱「追花」，哪裡開花就去哪裡採蜜。對於蜂農的選擇，我們無可厚非，但在這一百年的時間裡，西方蜜蜂已經完全「占據」中國，相比之下，中華蜜蜂的分布則被擠壓到邊緣地帶。

雖然說西方蜜蜂有著更強的產蜜能力，但牠們難以應對例如虎頭蜂、瓦蟎等問題；中華蜜蜂的保護，一方面可以增強蜜蜂族群間的群體免疫，另一方面則可以做為優秀的基因種源用於蜜蜂的品種改良。隨著對自然的認知加深，我們更應該認識到每一種生物的存在，既有眼前的利益，也有背後對於人類、對於世界的無窮價值。

寄生蜂

以蟲治蟲

害蟲與益蟲

農業是人類賴以生存的第一產業，農業種植的規模化帶來產量和管理上的優勢，但植被的單一和天敵的缺失也更容易引發病蟲害。健康的生態系統中，同種植物的分布密度不會太高，會盡量擴散生長，同時其他植物也會快速搶占夾縫中的空間，因此很少有成片的單一植被。這種生態系統下，即便一棵植物生病長蟲，也不容易進行傳播，不會造成大面積危害。再加上生態環境中藏匿的鳥類、爬行動物、蛙類等，可以有效地控制害蟲數量。因此在自然環境中，很少會有成片的病害植物。相比之下，規模化種植的農作物的間距很小，人類的生活又影響天敵動物出沒，使得農業生態系統非常脆弱，很容易在病蟲害之下覆滅。

為了應對病蟲害，人類使用很多手段，例如降低種植密度，多種植物相間種植，及時處理病蟲害植株等，但最有效的還是農藥。可以肯定的是，農藥對害蟲的殺傷力十分顯著，但給人帶來的危害卻潛移默化且後患無窮。著名農藥ＤＤＴ被使用二十年之後，人們才發現它不會自然降解，而是一直存在動物體內，最終導致動物死亡，甚至影響人類的身體健康，二十世紀七〇年代後被多個國家禁止使用。

有了ＤＤＴ的前車之鑑後，我們應對蟲害選用化學農藥要謹慎得多，但還是希望能有更加安全的方式，利用自然界生物之間天然的敵對關係，選擇一種生物來有針對性地消滅害蟲，就是生物防治。這是一種「借力使力」的妙招，而在科學管理下，這種手段既可以減少化學農藥的使用，也可以更加持久地對害蟲進行控制。

人類會將破壞植物的昆蟲稱為「害蟲」，而將吃害蟲的昆蟲稱為「益蟲」，但害蟲和益蟲的概念實際上都是針對人類而言，健康的生態系統中，每一種生物的存在都很合理，沒有好壞之分。但隨著人類生活領域的擴大，我們占據的自然空間愈來愈多，因此需要更多益蟲來為我們消滅害蟲。而在眾多的益蟲中，寄生蜂是人類最好的夥伴之一。

寄宿蟲身，生生不息

寄生是一種獨特的生物關係，指一種生物生活在另一種生物的體內或體表，並從後者攝取養分以維持自己生存的現象。許多人聽到「寄生」一詞都會覺得毛骨悚然，因為我們害怕蝨子，害怕肚子裡的蛔蟲，更害怕各種寄生蟲控制宿主的恐怖故事。但實際上，寄生是非常普遍的現象，而且絕大多數時候，寄生者為了延長自己的存活時間，不會殺死宿主。當然，寄生的本質還是捕食行為，宿主肯定會受到傷害，特別是當寄生者的數量不受控制時，宿主可能會因營養不良而死亡。膜翅目有許多科的蜂專營寄生生活，為了方便，將其統稱為寄生蜂。這些寄生蜂在如今的農林生物防治中發揮非常重要的作用，得益於牠們特有的幾大優勢：

(一)**擬寄生行為**：寄生蜂以擬寄生生物的方式存在，意味著牠們會把害蟲殺死來完成寄生行為，因此寄生蜂對害蟲來說是致命的。

(二)**專性寄生**：很多寄生蜂對宿主非常挑剔，只寄生單一或少數幾種宿主。利用寄生蜂進行生物防治，不用擔心對環境中的其他昆蟲造成傷害，同時可以確保對症下「蜂」，蜂到蟲除。

㈢**生物安全：**寄生蜂通常個體很小，而且壽命短，因此寄生蜂很難發生逃逸狀況，對農業以外的大自然幾乎不產生危害。雖然這樣會增加防治成本，但風險更加可控。

寄生蜂媽媽會很認真地為後代挑選合適的「家」，牠們有著長長的產卵管，可以刺進獵物的皮膚，在獵物體內產卵。這些卵可以非常安全地孵化，而寄生蜂寶寶們則會慢慢啃食獵物的身體。宿主往往會被寄生蜂的費洛蒙麻痹，變得比健康的蟲子更加貪吃，體型更大。更有甚者，有些宿主就像被控制的殭屍一樣，在寄生蜂鑽出牠們的身體時，還會化為保衛者，直到寄生蜂安全離開。從被產卵那一刻起，宿主就注定與正常生活分道揚鑣，但牠們履行了另一個獨特的使命：用自己的軀體和一生去養育和守護萍水相逢的寄生蜂。

克隆軍團，行屍走肉

蚜蟲是一類個體較小但危害巨大的害蟲，牠們有著針頭一樣的嘴巴，紮進植物體內吸取植物營養。表面上看植物好像沒有破損，但營養不良的植物很難健康成長。而且蚜蟲還有個非常厲害的技能——繁殖能力特別強。昆蟲的繁殖能力通常都很強，但蚜蟲更強！絕大多數昆蟲需要產卵，但蚜蟲把這步驟都省略了，牠的卵在媽媽肚子中就已經開始孵化，等生下來時，已經是一隻小蚜蟲，生下來馬上就可以危害植物。而且蚜蟲生寶寶，不需要蚜蟲爸爸，蚜蟲媽媽將自己克隆出一個寶寶，這種生殖方式叫做單性生殖。更厲害的在於，當蚜蟲女兒還在媽媽肚子時，牠已經開始懷上第三代孫女了。於是，當蚜蟲找到一棵適合的植物，可以在很短時間內迅速擴散種群，布滿整棵植物，給植物帶來嚴重的危害。

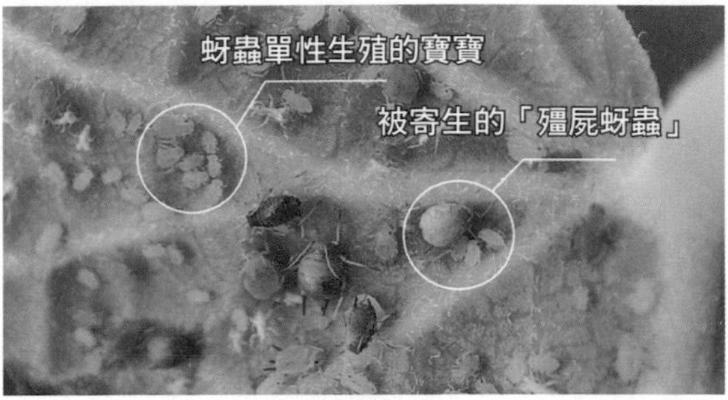

蚜蟲的單性生殖

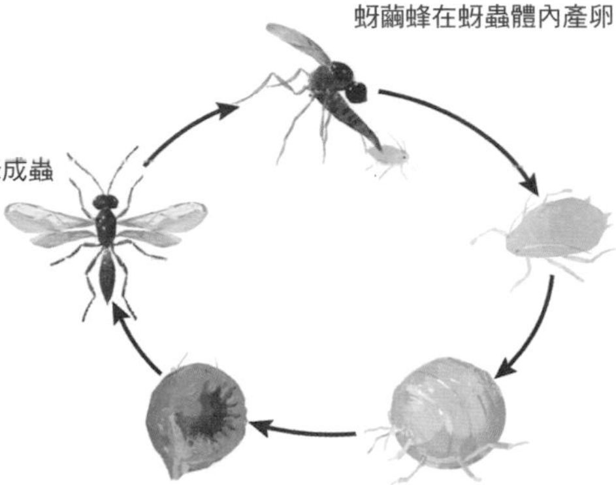
蚜繭蜂成蟲
蚜繭蜂羽化後咬破蚜蟲鑽出
蚜繭蜂幼蟲在蚜蟲體內發育

蚜繭蜂生活史

面對這個小巧能生的克隆軍團，傳統的黏蟲板或普通農藥完全無法對牠們造成實質性傷害。所幸，我們有個專門克制牠們的幫手——蚜繭蜂。蚜繭蜂成蟲與普通蜂差別不大，但卻有著獨一無二的「童年回憶」。蚜繭蜂媽媽準備產卵時，會來到蚜蟲聚集的地方，牠的腹部很長，而且具有很強的柔韌性，經過短暫地瞄準，迅速把產卵針紮進蚜蟲身體並產卵，整個過程只需要〇．一秒。一般來說，一隻蚜蟲只夠餵飽一隻蚜繭蜂幼蟲，因此蚜繭蜂媽媽會不斷尋找健康的蚜蟲，播撒自己的後代。

被寄生的蚜蟲早期沒有症狀，但隨著蚜繭蜂孵化與長大，蚜蟲開始變得不受控制。首當其衝的是蚜蟲的生殖能力，由於蚜繭蜂的胃口很大，蚜蟲已經沒有多餘能量來產子，牠們要一直吸收植物的汁液；然後，蚜蟲的身體逐漸變得鼓脹，原本瘦長的蚜蟲變得圓滾滾；最後當蚜繭蜂準備化蛹時，蚜蟲已經只剩一具空殼。這時，蚜繭蜂會將這具空殼當成保護罩，在裡面安心化蛹直到羽化成成蟲。成蟲會從蚜蟲的背上咬開一個裂縫，從中鑽出。被寄生的蚜蟲依靠自己是沒有辦法擺脫寄生者的，只能接受命運，同時，牠所做的一切不再是為了吃飽和繁衍，而是為了肚子裡的蚜繭蜂，如同行屍走肉，因此被寄生的蚜蟲也被稱為「殭蚜」。而蚜繭蜂因優秀的繁殖速度和對蚜蟲高效的控制能力，成為最受青睞的蚜蟲防治工具。

人工蟲蛹，毛蟲天敵

中國北方很多行道樹上能看到一種有趣的東西，牠們像蠶繭一樣，卻更大、更黑，被整整齊齊地用釘子釘在樹幹上。有人覺得這是惡作劇；有人覺得這是害蟲，「好心」地將其摘下；有人會期待牠破蛹成蝶，帶回家卻發現生出無數小黑蟲。實際上，這是園林管理人員用來防治美國白蛾的天敵——周氏齧小蜂。

美國白蛾是鱗翅目燈蛾科的一種飛蛾，原產於北美洲，隨著人類活動傳入歐洲和亞洲。美國白蛾的幼蟲食性廣泛，可以危害多達六百餘種農作物，特別是園林中種植的櫟樹、臭椿、懸鈴木、桃樹等。中國北方是美國白蛾的重災區，由於美國白蛾繁殖迅速，缺少天敵，普通的防治手段很難有效根治，就需要用到生物防治的手段了。

周氏齧小蜂是中國林業科學研究院的楊忠岐研究員專門篩選與培養，是針對美國白蛾的強勢天敵。牠們能夠找到隱蔽起來的美國白蛾蛹，並將產卵器紮透蛹殼進行產卵，齧小蜂的卵在美國白蛾蛹中孵化後，開始取食美國白蛾，等齧小蜂長大飛出，美國白蛾的蛹已經成為空殼，無法再變成飛蛾。雖然齧小蜂不能控制美國白蛾的幼蟲生長，但杜絕了成蟲的產生，也就控制了美國白蛾的繁殖。而由於齧小蜂的專性寄生，隨著環境中美國白蛾數量的減少，牠們也會死亡，不會危害其他生物。

怎麼保證周氏齧小蜂的數量呢？選一個足夠大的蛹！於是科學家們盯上柞蠶蛹，一隻孕蜂在一個柞蠶蛹中可以釋放五千隻齧小蜂！而柞蠶飼養簡單，可以在每棵樹上都釘上一個。柞蠶奉獻了自己，但牠們「培養」的周氏齧小蜂使得美國白蛾「斷子絕孫」，保護了植物，更保護人類的生活環境，功不可沒。

寄生蜂的種類還有很多，在農林上的應用非常廣泛，雖然平時很難看到牠們，但或許我們能看見和使用的很多東西，都是在牠們的保護之下才能擁有。這種以蟲治蟲的方式無疑比化學農藥更加環保，而這種生態友好型的人與自然關係，也值得我們花更多時間去研究與維持。

蟑螂
人見人怕的害蟲之王

昆蟲大王的剋星

昆蟲學家好像是一群天不怕、地不怕的人，科學考察過程中，對那些有毒的、有攻擊性的生物不屑一顧，甚至還主動去挑逗牠們，鬥蠍子、刨蜈蚣、摸毛毛蟲，如同森林裡的大王一樣。即便膽大如此，卻也有剋星，而這個剋星是一種再普通不過的蟲子——蟑螂。雖說我已經學習昆蟲學二十多年，但對蟑螂的恐懼卻從來沒有消退。當然我不是所有蟑螂都怕，真正害怕的是生活在中國南方地區的美洲蟑螂（美洲大蠊），牠們的形象是我童年時期最可怕的回憶。小時候居住在平房，衛生條件差，特別是廁所，印象中每到夜深人靜時，裡頭爬了滿地蟑螂，甚至剛進門時，還會有些碩大的美洲蟑螂掉到衣服中，隨之而來的就是此起彼伏的尖叫聲，這種視覺、觸覺與聽覺的三重刺激在我幼小的心靈中埋下深深的恐懼。其實我很清楚蟑螂不會傷害我，但牠身軀醜陋黝黑，身上還有橙色斑紋，彷彿一雙眼睛，加上極快的跑動速度，有時還會在屋裡亂飛，這一切帶來的壓迫感與恐懼感令人久久不能忘懷，內心對牠的恐懼和厭惡至今仍然存在，以至於任何時候都會想盡辦法遠離牠們。有趣的是這不是個例，有一次我們在臺灣科學考察時，原本其樂融融的燈誘布下，忽然飛來一隻無比巨大的蟑螂，如果那是一隻甲蟲，估計所有人都撲上去了，但當我下意識地默默退了一步才發現，身邊其他臺灣昆蟲學家也都走開了，原來大家對蟑螂都是一樣的心情。我們就這樣坐著聊了一個小時，看著蟑螂在布上爬來爬去；那一晚的採集收穫很少，卻收穫了幾個交心朋友。我們都害怕蟑螂，但這種害怕不妨礙我們喜歡昆蟲、研究昆蟲。

蟑螂的特點

蟑螂可怕嗎？可怕！對絕大多數人來說，這是個不需要思考的問題，這種恐懼似乎是刻在記憶中的。國際期刊《行為研究方法》（*Behavior Research Methods*）有個有趣的研究，科學家們調查人們看到蜘蛛、毒蛇、蟑螂、老鼠四種動物後的反應，結果顯示，人們對於蟑螂的負面情緒比蛇和蜘蛛還大，而且這種負面情緒至少包括恐懼和厭惡兩個方面。患有「蟑螂恐懼症」的人非常多，或許是由於蟑螂與人接觸頻繁，而且牠們在人們的印象中，與汙垢、細菌、疾病緊密相關；即便蟑螂不會對人造成任何物理傷害，牠們的存在也足夠讓人覺得噁心，甚至害怕。

做為一種沒有任何攻擊能力的昆蟲，蟑螂在自然界中就是別人的盤中餐，因此牠們選擇一種獨特的生活方式——當個躲躲藏藏的清道夫。而牠們所進化出的每一項技能，卻都變成人類的噩夢。

不挑食

大多數蟑螂都是雜食性，毫不挑食，菜、肉、動物屍體、糞便都吃，甚至會分食一隻苟延殘喘的同類。強大的胃使得蟑螂不用擔心食物來源，而進入到人類生活中的蟑螂，殘羹剩飯對牠們來說簡直是天賜佳餚。即便沒有食物，廚房和衛生間的下水道中的「食物」也足夠牠們堅持一段時間。而這種不衛生的生活習慣，使得蟑螂身上攜帶非常多細菌，這些細菌會在牠們活動時，被傳播到環境中，甚至食物上。

身體扁平，體色偏黑

扁平的身體非常利於蟑螂在石縫、落葉堆中活動。而為了保證安全，牠們更傾向於在晚上出沒，以此躲避多數捕食者，並選擇深色以方便在黑夜中隱藏。可是這些特點到了人類環境中，卻使得牠可以輕易地躲藏在各種雜物、家具縫隙中，難以尋找、徹底消滅。

強大的感知能力

蟑螂擁有兩根長長的觸角，可以感知到空氣流動和溫溼度的細微變化，這是牠們感知周圍環境的重要方式。此外，腹部有兩根尾鬚，腿上也長了許多毛刺，這對牠們探測背後的敵人有至關重要的作用。因此，即便蟑螂背對著我們，也能感知我們的一舉一動，在我們靠近時逃之夭夭。甚至蟑螂逃跑時，可能牠的大腦還沒反應過來，身體已經躲到安全的地方了。

會飛

一般來說蟑螂不會飛，飛行不符合牠們低調的生活習慣，但遭遇危險時，飛行是非常快速的逃跑方式。原本就嚇人的蟑螂，飛起來體積大了兩、三倍，顯得更加可怕。

頑強的生命力

蟑螂食物來源廣，但不穩定，能不能吃飽吃好全憑運氣，特別是食物匱乏的季節，幾天不吃不喝是常態，因此蟑螂鍛鍊出超強的忍受力。在完全沒有食物的情況下，蟑螂可以存活兩、三個月，不喝水也可以存活半個月到一個月。此外，蟑螂可以忍受一定的低溫，只要不低於零下五℃，即便被凍住了，也能在冰融化時復活！最可怕的是，蟑螂即便丟了腦袋，還能存活一週左右！

電影《唐伯虎點秋香》中，有個片段把蟑螂稱為「小強」，原本是一種戲謔，但「小強」這個名字巧妙地體現蟑螂生命力極其頑強的特點，漸漸成為蟑螂的代名詞，也有了「打不死的小強」的稱號。

這些特點與習性雖然令人討厭，卻是蟑螂在三億多年時間中選擇的最佳策略。一億年前白堊紀時期的蟑螂和現在的蟑螂長相已經非常相近，同時期的地球霸主恐龍在六千五百萬年前的一場災難中盡數滅絕，而小小的蟑螂卻存活到現在，甚至在人類的「幫助」下發揚光大，成為下水道霸主之一。

蟑螂的繁殖

蟑螂是一種喜歡群居的昆蟲，如果在家中看到一隻蟑螂，就說明還有更多，而且不確定牠們藏在哪些地方搞破壞，甚至不確定是不是已經汙染了食物。蟑螂的治理非常令人頭疼，牠們有著超強的繁殖能力，一隻蟑螂一年的後代數量可達幾十萬隻！蟑螂選擇一種被稱為「r選擇」的繁殖策略，透過產生大量的後代來保證種群的繁衍，但其中只有少量後代能存活到成年。

大部分蟑螂是透過產卵來繁殖後代，但雌蟲會用特殊的膠質囊將卵包圍，整體形成一個卵鞘，卵鞘為後代提供多一層保護，能更好地防水、防天敵，最重要的是能夠防毒！卵鞘中的卵不受殺蟲劑影響，這種技能陰錯陽差地為蟑螂在人類環境中的生存提供保障。一個卵鞘中通常會包括幾十個卵，雌性蟑螂交配一～兩次後，一生都可以不斷繁殖，產生

一億年前的蟑螂琥珀

美洲蟑螂的形態

多達九十個卵鞘。有的蟑螂會把卵鞘產在縫隙中隱藏起來，而有的蟑螂則會帶著卵鞘活動，直到後代孵化，遇到危險時，牠們會迅速將卵鞘整體產出，然後自己去吸引天敵的注意力，從而保證後代存活。攜帶卵鞘的雌蟲死亡，但卵鞘沒有被完全破壞的情況下，卵鞘中的幼蟲是可以正常發育並最終孵化，因此有可能出現「蟑螂屍體生寶寶」的恐怖現象。

蟑螂家族中有選擇不一樣策略的太平洋折翅蠊，牠們不再產生大量後代，而是精心照顧少數幼蟲。牠們的卵會在母體內孵化，並存活一段時間，這時雌蟲會分泌一些蛋白質給幼蟲提供營養，就像哺乳一樣。這種繁殖方式為卵胎生，而這種後代少但成活率高的繁殖策略為「K選擇」。不管怎麼說，蟑螂寶寶出生後就只能依靠自己了，雖然有著一身本領，但在危機四伏的環境中，真正能長大的其實屈指可數。

德國姬蠊和攜帶的卵鞘

漂洋過海的蟑螂

蟑螂是什麼時候走進人類生活呢？比起蟋蟀、蝴蝶、蜂這些「主流」昆蟲來說，蟑螂在中國古代文學中的紀錄寥寥無幾，而更多則出現在藥書之中。蟑螂是蜚蠊目昆蟲的統稱，而古文中的紀錄也有各種別名。最早的漢語詞典《爾雅》中，出現「蜚」字，書中解釋為「蠦蜰」，注釋為負盤、臭蟲。漢朝時的《神農本草經》描述「蜚蠊，味鹹，寒」。宋代的蟋蟀宰相賈似道寫過一首描述蟑螂的絕句〈論蟑螂形〉，說蟑螂的外形「易名寬翅號蟑螂，翅闊頭尖牙用長」。而明代《本草綱目》中，李時珍也記錄石姜、香娘子、滑蟲等蜚蠊的別名。總而言之，彼時的蟑螂不是「名揚四海」的害蟲，沒有統一的稱呼，古人對牠們彷彿也不排斥，甚至還有很多藥方運用。

　　現代社會中，中國最出名的兩種蟑螂，一為美洲蟑螂，一為德國姬蠊，從名字就能看出二者都是外來入侵物種。美洲蟑螂喜溫、喜溼，最喜歡下水道環境，主要分部在南方，是最大型的家居蟑螂；德國姬蠊體型小很多，更能忍受乾燥和低溫，主要分布在北方。美洲蟑螂原產於非洲，十七世紀大航海時代，經由船隻漂泊到美洲，在沒有天敵的環境中大肆生長傳播。而十九世紀後，由於晚清的腐敗，中國被迫開放國門，美洲蟑螂也開始侵入中國南方並在此定居。土生土長的蟑螂其實不適應人類的居所，牠們更喜歡生活在自然環境中，幾千年時間沒有和人發生太多摩擦，而遠道而來的美洲蟑螂卻找到最喜歡的環境，在排汙管道中開始種族繁衍。美洲蟑螂體型大，跑得快，能飛，還不好消滅，或許我們對於蟑螂的恐懼和厭惡，就是由牠引發的。

蟑螂的價值

蟑螂本身沒有危險，但牠們的生活環境導致身上攜帶大量細菌，特別是在衛生條件差的地方，蟑螂的存在加速病原菌傳播，為人類帶來疾病。但各類藥書中的紀錄，或許暗示了蟑螂對人類來說有可用的價值。

自然界中的蟑螂是重要的分解者之一，相比起其他動物，蟑螂做為清道夫，負責處理屍體、糞便、垃圾等，完善自然界的物質和能量迴圈，有著非常重要的價值。而隨著蜥蜴、青蛙等異寵寵物的流行，蟑螂做為好飼養、高蛋白的昆蟲飼料，也開始有了很好的市場。當然，異寵非常寶貴，牠們吃的蟑螂是需要專門飼養的杜比亞蟑螂和櫻桃紅蟑螂，這兩種蟑螂需要比較乾淨的環境，而且不小心逃逸，也不會氾濫。即便是人見人恨的美洲蟑螂，用對地方也是益蟲。隨著城市生活水準提高，廚餘垃圾的處理成為難題，掩埋、堆肥、發酵都需要耗費大量空間與時間，還會帶來難以處理的氣味和衛生問題。面對這些棘手的殘羹剩飯，美洲蟑螂或許能發揮不小作用。美洲蟑螂繁殖迅速，飼養簡單，最關鍵是不挑食，能耐受高油脂和腐敗的食物，且從小到大都吃，處理廚餘垃圾簡直是為牠們專門訂製的工作。一座占地六千平方公尺的工廠，可以飼養三百噸約十億隻蟑螂，這些蟑螂一天就可以處理掉約五十萬人產生的廚餘垃圾，效率比其他方式高很多。而這些蟑螂完成任務「壽終正寢」後，透過無害化的處理可以製成蛋白質粉，做為飼料添加劑使用，而蟑螂產生的排泄物也可以製備肥料。

中醫中，蟑螂似乎可以治療許多疾病，且不說古書中記載的療效是否準確，即便在現代醫學中也會利用蟑螂，且用的正是最嚇人的美洲蟑螂。蟑螂的提取物中，科學家們分離出許多有療效的化合物，例如抗癌和治療哮喘的成分，當然這些還停留在科學研究階段。但由美洲蟑螂乾蟲製備提取的康復新液，則已經在胃部出血、表皮創口等疾病治療上運用。美洲蟑螂的提取物中，含有一種促進表皮生長的因數，這種成分能夠促進人體上皮細胞的生長，對於傷口的修復有很好的療效。此外，還有一種美洲蟑螂提取物牙膏，刷牙時能對口腔黏膜進行保護，預防口腔潰瘍等疾病。當然，使用這些產品時，不必覺得噁心，所有藥物和產品的製備都極其嚴格，而且製備的第一步就是把美洲蟑螂徹底粉碎。

蜚蠊目昆蟲全世界約有五千種，我們討厭的蟑螂只是其中極少部分，無論喜歡與否，這些存在三億年的前輩，都用自己的方式努力生活在每一個角落裡，等著我們去發現牠們的價值。

專題 昆蟲的奇妙用處

人們很容易覺得昆蟲就是一些嚇人、噁心、討厭的小動物，但實際上牠們已經滲透到我們衣食住行的每個方面。當然，不是說牠們一直生活在我們周圍，而是人類透過智慧，發掘出昆蟲的價值，並以之為生活增添光彩。

蠶和蜜蜂是陪伴人類最久的昆蟲，寄生蜂和蟑螂隨著生態和科技的發展與人為伴。除了牠們，還有許多小蟲子，有的其貌不揚，有的隨處可見，但牠們或改變人們的生活方式，或拯救一個人，甚至拯救一個國家，還有的成為破案定罪的關鍵佐證。

蚜蟲——五倍子蚜

鹽膚木植物上生長著一種特殊結構，似果非果，打開後布滿小蟲，古代醫學家認為這是樹生異果，將其應用於中藥，稱為「五倍子」。直到明代李時珍透過細緻觀察，發現「五、六月有小蟲如蟻，食其汁，老則遺種，結小球於葉間」，並正式將五倍子歸入《本草綱目》的蟲部中。五倍子中的小蟲是五倍子蚜，屬於半翅目胸喙亞目癭綿蚜科的昆蟲。蚜蟲長著如同針頭的嘴巴，為刺吸式口器，專門吸收植物汁液，從中獲取糖分、水分等維生。當蚜蟲尋找到寄生植物後，通常不會換地方，其中一部分甚至連翅膀都廢棄掉了，完全就是一副「好吃懶做」的樣子。但沒有防禦能力也無法逃跑的蚜蟲，很容易成為其他動物的獵物，因此牠們需要保護自己的手段，例如一座「房子」，即蟲癭。五倍子蚜吸收植物汁液的同時，會向植物體內分泌包含類植物激素的唾液，刺激植物細胞異常增生，慢慢地突起直到最後形成一個角倍，並將自己包裹在其中。角倍中的蚜蟲繼續生長繁殖，角倍也慢慢長大，最後形成一個成熟的蟲癭。

自「神農嘗百草」以來，中醫五千年的發展中收錄許多自然中藥，昆蟲也是重要來源，《本草綱目》中，有四卷內容專門介紹「蟲部」，蟋蟀、蟑螂、蠐螬等都在其中。

白蠟蟲——點亮黑暗

白蠟蟲是介殼蟲，屬於半翅目胸喙亞目蚧總科的昆蟲。介殼蟲與蚜蟲類似，體型小，吸收植物汁液，有些介殼蟲體形更扁，並且特化成硬殼，因而得名。白蠟蟲的雌蟲會一直在樹幹上生活，甚至把腿也放棄了，用一個硬殼把自己牢牢地保護起來，從此不再動。白蠟蟲的雄蟲則正常發育，成年後去尋找雌蟲交配。雄蟲不能選擇和雌蟲一樣的方式，因此牠們小時候會分泌大量蠟絲覆蓋在自己身體表面甚至周圍，把樹枝完全包裹起來，這層蠟絲可以幫助牠們躲藏，同時蠟的味道會讓其他捕食者對牠們失去興趣。這層厚厚的蠟絲，收集後可製成蟲白蠟，由於主要在中國出產，也稱中國蠟。蟲白蠟有藥用價值，也可以用於給家具、設備、汽車等打蠟。而很長一段歷史中，蟲白蠟也是照亮黑暗的明燈。

電燈泡發明之前，蠟燭是夜晚最主要的照明工具。最早時，有來自動物脂肪的膏燭，有來自植物種子油的麻燭、瓠燭，或者由蜂蠟製成的蜜燭，其中以蜜蠟製成的蜜燭最為珍貴。魏、晉之後製燭材料增加，還出現動物脂肪混合蜂蠟製成的「假蠟燭」。直到宋、元時期才有對白蠟蟲養殖採收的記載。由於白蠟蟲養殖簡單，產蠟量高，加上製蠟工藝的發展，蠟燭開始全面普及。雖然在蠟燭的歷史上一直都有其他競品，而且現代的蠟燭基本完全由石油中提煉的石蠟製成，但從「蠟」字的蟲字旁也足見蜜蠟、蟲白蠟在蠟燭界的地位之高。

胭脂蟲——濃妝淡抹

胭脂蟲是介殼蟲，生活在仙人掌上，吸收仙人掌汁液，之後會把多餘的糖分和水分排出體外，即為蜜露。由於仙人掌中含有較多甜菜紅素，胭脂蟲排出的蜜露也呈紅色。此外，胭脂蟲的若蟲和雌蟲不愛動，身上會分泌少量蠟粉把自己隱藏起來，蠟粉混合蜜蠟形成的「溼蠟」，為胭脂蟲提供保護。而胭脂蟲體內有另一種更為特殊的紅色素——胭脂紅酸，將其進一步提純可以獲得胭脂蟲紅色素，這是一種非常穩定且抗氧化的天然色素。二千年前北美洲的原住民最早發現仙人掌上的小蟲子會「流血」，開始將其用於繪畫，並隨著航路的開發傳播到世界各地。

蟲白蠟

愛美之心人皆有之，古老的蘇美文明、古埃及文明都有用彩色礦石粉化妝的紀錄，而中國古人使用脣脂的紀錄最早可以追溯到先秦時期。早期的胭脂主要取材於紅土、朱砂岩、植物花瓣等，其中許多成分含有重金屬，對人體有較大的毒性副作用。十九世紀後，人工色素的誕生大幅度推動化妝品產業的發展，並取代礦石材料成為主流。而到了二十世紀，隨著對人工色素的抵制，人們又把目光聚焦回更加安全、天然的胭脂蟲紅上，胭脂蟲紅也成為現在最常用的化妝品原料之一。

做為寄生在仙人掌上的小蟲，胭脂蟲紅的產量一直不高，十七世紀的殖民地時期，胭脂蟲紅染製的衣物是貴族身分的象徵，生產和出口受到嚴格控制。現在的胭脂蟲養殖已經是很大的產業，雖然不常看見牠，但從衣服到化妝品，甚至到食品，這抹鮮紅已經存在於我們的生活中。

紫膠蟲——增加光彩

介殼蟲家族中的紫膠蟲是南亞熱帶特有的昆蟲，雌蟲

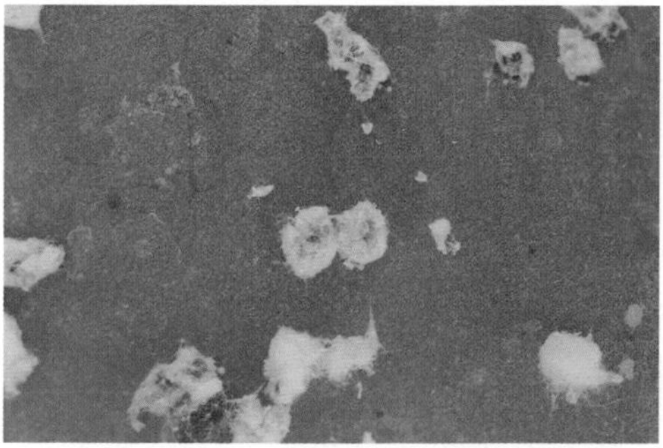

胭脂蟲

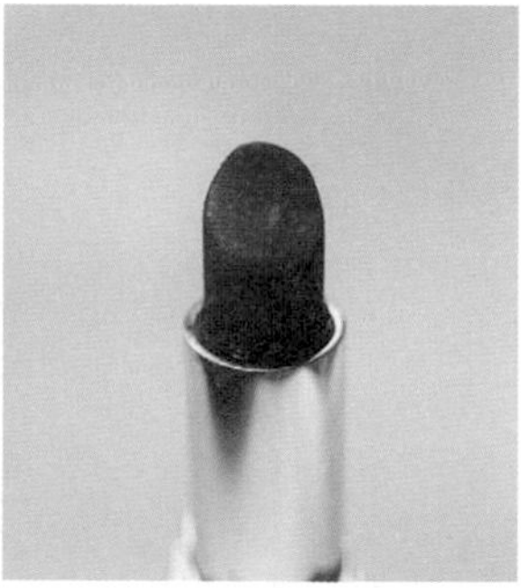

口紅

透過腺體分泌大量膠質樹脂把自己包裹起來形成保護層。西晉時，《吳錄》已經記載紫鉚（紫膠）由蟲產生，其他古文獻也說明人們對紫膠蟲的認識比較準確。紫膠蟲的人工放養自古有之，可見人們早就認識到牠的作用，並發掘紫膠的價值。採收紫膠時，膠及蟲同步採下，再透過一系列加工提煉出乾淨的成品。

紫膠是特殊的天然樹脂，有黏著力強、色澤鮮亮、防水等特性，可以運用於黏合劑、亮光漆、防水層中。聽起來很遙遠，其實生活中很多物品上都有紫膠的存在。㈠最早的音樂是燒錄在黑膠唱片中，而第一代黑膠唱片就是蟲膠製成；㈡汽車、家具、樂器表面的漆面，常透過添加紫膠來增加光澤度；㈢指甲油中添加紫膠可以增加光澤度；㈣在水果表面塗抹紫膠可以減緩水分流失和阻擋細菌進入，增加保鮮時間；㈤巧克力表面塗抹紫膠可以防止受潮，增加光澤度。總體來說，紫膠雖然是昆蟲產生，卻是一種安全、衛生的天然油脂樹脂材料。

以上四種昆蟲都屬於半翅目胸喙亞目，都是利用刺吸式口器吸收植物汁液生活。由於取食方式的獨特性，牠們大多選擇定居，不再輕易移動，而牠們分泌的蠟絲、膠質，或者利用植物形成蟲癭等，都是保護自己的方式，卻沒想到反而被更聰明的人類利用了。但換個角度，人類為了獲取更多價值，也會為這些小蟲找到最適合生存的地方，幫助牠們繁衍後代，也會驅趕牠們的天敵，對牠們來說也是一件好事。

糞金龜——拯救澳洲

澳洲有著特殊的生物類群，卻沒有我們熟知的牛、羊、馬等動物。一七八八年，澳洲首次引進五頭奶牛和兩頭公牛，並在之後的一百多年間，不斷地繁衍與引進，到了十九世紀末期，種群數量已經達到四千五百萬頭。牛群為人們帶來鮮肉、牛奶等優質蛋白質，但按一頭牛一天排便十次來算，每天超過四億坨牛糞，對澳洲的草原來說，也是極難處理的問題。一般情況下，動物糞便會有其他分解者負責處理，其中糞金龜是處理糞便的高手，但澳洲本土的糞金龜沒見過牛糞，也不喜歡，導致牛糞大量堆積，進而引發蚊蠅滋生、草原禿斑等問題。為此，一九六五年～一九八五年，澳洲從世界各地專門引進二十三種糞金龜，用來處理澳洲草原上各種外來動物的糞便，其中效率最高的是產自中國的神農潔糞金龜。這些糞金龜會在動物糞便還新鮮時就將其分割，並運輸到提前挖好的地洞中用以養育幼蟲。由於糞金龜有著極高的效率，兩天內就能清理完地表的糞便，還會為糞便做除菌處理，抑制蠅卵和細菌發育。不只澳洲，任何一個國家和地區的動物糞便，都會有對應的昆蟲或小動物在做清潔工的事情。糞金龜雖然是一種不起眼甚至招人嫌的小蟲，但牠們在拯救草原上卻是功不可沒的大英雄。直到現在，澳洲政府仍然每年都引進糞金龜，且有專門的糞金龜生態工程師來選擇新的糞金龜進行投放和監測。

蠅蛆——斷案與治病

蒼蠅是我們最熟悉的昆蟲之一，最喜歡在殘食、垃圾、糞便中生活，雖然沒有對人造成直接危害，卻會傳播多種細菌、病毒，帶來嚴重的衛生風險。蒼蠅小時候無足、無頭，稱為蛆，食腐、食糞，只能蠕動行進，非常噁心。但即便是這樣的昆蟲，也有著令人意想不到的大作用。

蒼蠅大偵探

自古以來，命案都是非常重要的刑事案件，戰國時期設有專門的驗屍官，漢代之後驗屍技術已經非常成熟。相比現代法醫學，古代驗屍能借助的檢驗手段非常有限，更多是依靠驗屍官的經驗，其中就包括對蒼蠅的觀察。蒼蠅喜歡腐肉，對血腥味敏感，因而屍體上總有蒼蠅盤飛。宋代《折獄高抬貴手》記載，有一屍體被火燒焦，但蒼蠅聚集在屍體頭上，查驗屍體後發現頭部有鐵釘，是死於人為。南宋《洗冤集錄注評》記載，有一死者死於鐮刀，官員命令收繳全村的鐮刀，擺在盛夏的庭院之中，其中一把鐮刀上齊聚蒼蠅，這些蒼蠅都被鐮刀上的血腥味吸引，凶手見狀只好認罪。即便到了當代，也有專門的法醫昆蟲學學科，對屍體上可能出現的昆蟲進行研究，掌握牠們的發生時間、取食偏好、生命週期等規律，之後透過屍體上的昆蟲情況來推斷死亡時間、地點甚至是死亡原因。蒼蠅已經成為法醫們的偵探夥伴。

蠅蛆療法

一戰期間，許多士兵受傷後傷口無法及時包紮，被絲光綠蠅趁虛而入產卵，長出蛆蟲。傷兵一開始會清理蛆蟲，但數量實在太多，乾脆放任不管。結果，長了蛆蟲的傷口非但沒有感染，反而逐漸癒合，甚至比包紮的地方生長得還好。法國軍醫史蒂文生．畢爾（William Stevenson Baer）詳細記錄這個奇妙現象後，回國進行進一步的蠅蛆實驗，發現這種絲光綠蠅的幼蟲只會啃食腐肉，不會影響正常的身體組織，甚至還會抑制細菌生長並促進傷口癒合。隨著這個實驗結果逐漸被醫學界認可，蠅蛆療法也被推廣到愈來愈多地方。

隨著抗生素的發現和現代醫學的發展，蠅蛆療法已經被更安全、高效的方法代替，但對於傷口難以癒合的糖尿病患者，或者不適合用麻醉藥的患者來說，蠅蛆療法在清理創口上有著其他療法難以比擬的效果。

第四章

探究

上下求索的自然科學

林奈
生物分類學的鼻祖

博物學的起源

認知與學習是人類在大自然生存的必備技能，成為刻在人類基因中的生存本能；人對自然的觀察與記錄隨著文明出現而逐步發展。如果說數萬年前的壁畫只是人類有樣學樣的臨摹，二千年前的文字紀錄毫無疑問宣告著博物學的誕生。十七～十八世紀，博物學在歐洲迎來最輝煌的時刻，這個時期出現許多現代博物館的雛形，湧現出一批改變博物學甚至改變整個世界的著名博物學家。一方面得益於文藝復興後的思想解放，另一方面則是由於世界航路的開發和殖民時代頻繁的物品交流帶來對認知的挑戰。探險家和傳教士們遊歷世界的同時，也將其他地區的物品攜帶回國，進而在社交圈進行交易，慢慢出現最早的一批收藏家，他們將自己的物品陳列出來，建立私人的珍寶陳列室。隨著收藏增加，物品類別愈來愈多，從礦石、名畫、古玩，慢慢到文化產品、動植物活體和標本等，陳列室愈來愈大，並發展為後來的博物館（museum）。古希臘神話中，有九位繆思（muses）女神分管不同的學術領域，博物館則是供奉這九位女神的神殿，其中有各路信徒供奉的珍寶，確實與博物館十分相似。早期的博物學是一門收藏的學科，一開始都是各自把玩，對於物品的名稱和來源無須在意；但隨著收藏家和藏品增加，相互之間的交流必不可少，此時很多問題就出現了，其中最麻煩的就是物品名稱。一方面，由於名稱都是收藏家取的，文學水準不一，取名方式也不統一，同物異名或同名異物的現象非常普遍，交流起來經常是牛頭不對馬嘴；另一方面，東西愈來愈多後，要取一個記得住的名字非常困難，一開始可以稱一朵花為紅花，後來可能是大紅花、小粉花，再後來需要說這是「一朵紅色的重瓣的邊緣褶皺的清香的酒紅色花」，最誇張的時候，單單一個名字就超過四百個單詞。因此，當時的博物學界亟需統一的命名法則來規範上萬個藏品名字。許多博物學家都做過嘗試，但一直未有使用方便、易於普及的方案，直到卡爾·馮·林奈（Carl von Linné）《自然系統》的出版，打開了博物學界的全新紀元。

林奈生平

林奈是瑞典生物學家，一七〇七年五月二十三日出生。父親是鄉村教師，利用閒置時間打造一個園藝花園，潛移默化中激發林奈對植物的喜愛。林奈從小就對認識和收集植物情有獨鍾，在父親的教導和鍛鍊下，認識的植物種類愈來愈多。林奈的其他學業表現並不突出，唯獨植物分類是強項，從小學到中學，大量時間都花費在採集植物和閱讀植物書籍上。大學時，林奈正式學習博物學和標本製作的課程，並在畢業後的一七三二年，開始跟著探險隊對瑞典北部拉普蘭地區進行野外考察，記錄一百多種新植物。一七三五年，林奈離開瑞典，在歐洲各國學習，並在荷蘭取得醫學博士學位，其間出版了《自然系統》，書中首次提出以植物的繁殖器官進行分類的方法，並推廣動、植物雙名命名法規，而這兩者直到今天仍然是植物分類的基石。

林奈的命名方法和分類體系，發表之初並未產生一鳴驚人的效果，當時歐洲的博物學界存在大量分類體系，林奈的命名法遭到不少人批評，甚至有人認為他的方法過於做作。林奈分類體系的成功，一方面是體系本身通俗易懂、便於學習，另一方面則得益於林奈和他的學生不斷地對該體系進行維護和宣傳，最終得到學界的廣泛認可。林奈在後半生的教學中，不斷完善自己的學說，發表一百八十多篇（部）科學論著，其中《自然系統》開創整個博物學的新紀元，《植物屬》則可以說是第一部關於植物命名的法規。

林奈於一七七八年一月十日去世，享年七十歲。一七八八年，倫敦建立林奈協會，二〇〇七年是瑞典政府認證的「林奈年」。對於每一個喜歡自然科學、學習分類學的人來說，一定會在各種地方看見林奈的名字，雖然他發現的新物種不算很多，但貢獻已經影響世界近三百年，並將做為人類的寶貴財富不斷地延續下去。

二名法

二名法（雙名法）是林奈貢獻中被提及最多的，按二名法命名的名字稱為學名，每一個物種都有唯一對應的學名，是全學界公認的名字，任何國家、任何語言進行專業交流時，使用學名就可以指代一個特定物種。除了學名之外，其他所有名字都是不正規的，例如「玉米」是公認的名字，但也可以叫做苞米、棒子、maize等，而學名只有一個——「*Zea mays L.*」。

相比其他方式，二名法的核心是將所有生物名稱都壓縮成兩個單詞，其中一個單詞表示物種的從屬關係，即屬名，另一個單詞表示物種的自身特徵，即種小詞。例如銀杏的二名法名字「*Ginkgo biloba L.*」，「Ginkgo」是屬名，代表銀杏屬的植物；「biloba」是種小詞，意思是「二裂的」，指銀杏葉片的特點；最後的「L.」是命名人的縮寫，L.是林奈名字的縮寫，而由於他是最早的「L」開頭命名人，只有他有資格用「L.」，其他人只能用更多字母的縮寫或全稱。

二名法中使用的語言看起來像英文，其實是拉丁文。拉丁語原本是義大利中部的方言，隨著羅馬帝國的強盛廣泛流傳。拉丁

林奈

銀杏葉

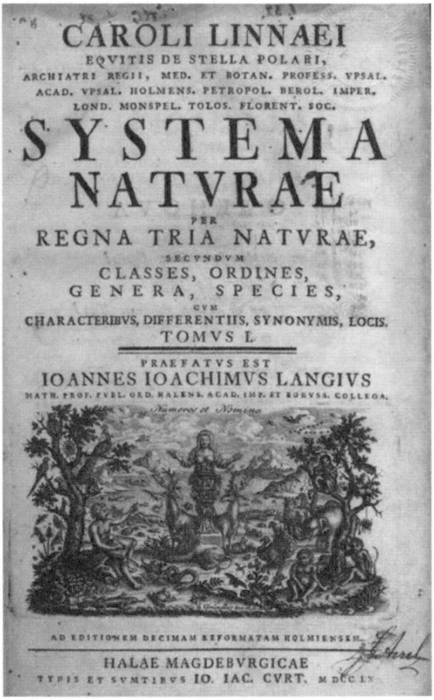

《自然系統》封面

文在歐洲流行十幾個世紀，很大程度上影響了西方的語言體系，但隨著羅馬帝國滅亡和各國民族獨立運動，拉丁文逐漸衰落並被其他語言取代。現在拉丁文已經成為一門「絕跡語言」，沒有口頭交流使用，拉丁文的學習成本更高，而且語言體系幾乎不會再有變化，因此成為博物學界的「學術語言」，林奈推廣二名法時，規定物種的命名要用拉丁文進行書寫，對物種的描述也要使用拉丁文，避免出現語言改變導致描述不準確的情況，而在書寫中則用斜體來將拉丁文與英語區分開。

林奈的貢獻

推廣二名法

二名法實際上不是林奈原創發明。早在古希臘時期，亞里斯多德（Aristotle）建立的動、植物命名法規中就有二名法的雛形，現代二名法則是十七世紀時約翰·博安（Johann Bauhin）和加斯帕爾·博安（Gaspard Bauhin）兄弟二人提出的。林奈非常善於學習和借鑑，他將拉丁文定為自然科學的「學術語言」，用二名法來命名，同時明確地將古希臘人和古羅馬人奉為「植物學之父」。實際上，二名法雖然方便，但兩個單詞能描繪的資訊實在太少了，而林奈真正的貢獻是為二名法的成功所搭建的分類學體系。

自下而上的描述

林奈之前，絕大多數博物學家進行動植物分類時，用的都是自上而下的分類方法：對所有物種進行比較，選出差異特徵，將其分為若干小類；每一個小類中，繼續選出差異特徵再分類，直到最後區分出種。這種方式是最簡單、最好理解的，但隨著物種增多，使用起來很不方便，且分類過程有非常大的主觀性，無法正確反映生物的親緣關係。相比之下，林奈選用的方法是自下而上，先選擇一個物種，對其進行非常詳細的描述，其他物種則和這個描述比較，高度相似的則為同一個種，部分相似的則根據差異特徵進一步分類。而這個最開始描述且被記載成拉丁學名的物種標本，則為正模標本。正模標本是分類學非常重要的材料，既能用來證明該種是獨立物種，也能用來與其他可能的新種進行比較。有個有趣的情況是，「人類」在《自然系統》中學名為「*Homo sapiens L.*」，也就是說，人類有正模標本。我們推測林奈在描述智人種時，肯定觀察過自己，智人的正模標本正是林奈本人。

設立分類階元

為了更好反映不同物種之間的關係，林奈設立一套分類體系，首先把大自然中的物種分為礦物界、植物界和動物界，動、植物界中，透過自下而上的方法，把相似的物種歸為同種，把相似的種歸為同屬，同理形成種↓屬↓目↓綱的分類階元體系。而各分類階元有著嚴格的單線對應關係，一個屬名與前面的界、綱、目名一定是對應的，因此從本質上來說，林奈的二名法其實不只兩個單詞，只不過當說一個物種的學名「*Ginkgo biloba L.*」時，已經省略前面的單詞。林奈之後，分類學家們又補充「門」和「科」，共同形成現代分類學中的「界門綱目科屬種」七個必要階元。

如果說二名法是一片一片的葉子，分類階元就是一棵樹，每一片葉子生長的位置，都能找到它對應的樹枝、樹幹。二名法只是最亮眼的璀璨成果，這棵樹才是真正奠定生物科學系統的最關鍵所在。

二名法和分類階元的關係

博物學的發展與未來

林奈發表的第一版《自然系統》中收錄了八千八百種生物，其中甚至包括龍、不死鳥等「悖論動物」，當然林奈斬釘截鐵地否定了牠們的存在。不斷增量的第十二版《自然系統》中，林奈慢慢完善他的生物科學體系，但也承認其中有些分類的依據過於「武斷」，林奈相信上帝創造萬物時有著更精明的邏輯。短短二百年過去，擁有拉丁學名的物種已經從最初的八千八百種擴增到現在的一百萬種，而這都得益於林奈的二名法和分類體系，促進全球生物學家的研究交流。奇怪的是，物種愈來愈多的同時，博物學反而愈來愈「沒落」，十八世紀後，似乎很少再聽見知名的博物學家。實際上這不代表學科倒退，而是代表發展。隨著自然科學的進步，現代的研究更傾向於精細化與深化，博物學所包含的內容實在太多，已經不適合做為一門研究的學科。目前最接近博物學的學科是傳統分類學，但每個學者只在自己的小領域中去發現新物種或研究物種的演化關係。

博物學還有用嗎？有用！博物學仍然是一門非常好的認知學科，飛禽走獸，花鳥魚蟲，知其名而識其趣，「仰觀宇宙之大，俯察品類之盛，所以遊目騁懷，信可樂也」。

達爾文
美妙的演化篇章

上帝創造了萬物嗎？

殘酷的自然中，人類的個體力量非常弱小，在大多數動物面前都毫無勝算，彼時的團隊協作只局限在小的族群之中，無法影響整個人類的發展。後來較為聰明的人類支系開始對未知力量的敬畏和崇拜，如對暴雨雷電、日月星辰，這便是信仰。相同信仰凝聚了零散的力量，催生真正的人類文明。每一個文明的神話中，都有屬於自己的造物主：古希臘的普羅米修斯（Prometheus）取土造人，再由智慧女神雅典娜（Athena）賦予靈魂；中華文明由盤古開天闢地，女媧捏土造人；而猶太人的《聖經．創世記》中，上帝用六天時間創造萬物，按自己的樣子創造人類，並將第七天定為休息日。這個創世假說傳承到基督教，並成為流傳最廣泛的說法。現代科學文明之前，上帝的存在是毋庸置疑的常識，封建統治者為了彰顯地位的合理性，都會宣告權力由神明賦予：中國古代皇帝自稱天子，代天掌管人間；而西方則是君權神授，教會代替上帝授予君主皇權。因此，中世紀西方的很多國家，教會的權力非常大，而做為教會之主的教皇擁有和君主同等甚至更高的實權。有意思的是，中世紀的教會不只是管管雜務，他們撥款支持許多學校和學術研究活動，而當時的牧師需要專門修學，因此教會中匯聚了大量人才，林奈、艾薩克．牛頓（Isaac Newton）等著名科學家都是非常虔誠的基督教徒。牛頓認為上帝創造完美規則，甚至根據《聖經》推斷出地球的年齡為六千歲，而這說法受到基督徒們的「認可」。教會撥款的本意之一是找到上帝存在的證據，但事與願違，卻促進科學的誕生，而科學不斷挑戰上帝的權威，最終站在宗教的對立面。

神創論學說中，有個很重要的核心觀點是物種不變論。宗教的解釋中，上帝是完美的，祂創造的每一個生物也是完美的，因此生物不需要再發生改變，而人是唯一最高貴的物種。這幾乎成為捍衛上帝的一種偏執，但事實上有許多科學家早就對此持有懷疑。十八世紀中葉，法國博物學家布豐（Comte de Buffon）大膽推測動物來自同一個祖先，是不斷隨著地球環境的變化而演變成現在的多樣性，並認為地球的年齡遠多於六千年。但他後來迫於教會和輿論的壓力，宣布放棄自己的觀點。而另一位法國博物學家拉馬克（Chevalier de Lamarck）則堅定得多，他認為生物是從簡單向著複雜階梯式升級，最終成為人類。拉馬克還總結出

「用進廢退」和「獲得性遺傳」假說，形成自己的「拉馬克主義」，也是最早提出「物種可變」觀點的科學家，具有極大影響力，被稱為演化論的先驅。

對中世紀的人來說，反對上帝，一方面是離經叛道，另一方面則會面臨教會的威脅甚至生命危險。博物學家們的研究是可敬的嘗試，他們無疑是那個時代的鬥士，只可惜終究沒能突破時代的枷鎖。

叛逆的達爾文

達爾文，全名查理斯・羅伯特・達爾文（Charles Robert Darwin），一八〇九年出生於英國。達爾文的祖父和父親都是當地有名的醫生，對他來說，繼承家業是體面而穩定的工作，但「不安分」的達爾文從小就無法靜心學醫，更喜歡四處收集各種動、植物。十六歲時，達爾文被送往愛丁堡大學學醫，但他常不務正業，後來父親將他送到劍橋大學學習神學，希望他將來能成為尊貴的牧師，保持博物學愛好的同時，也能守住家族顏面。但在劍橋期間，達爾文對自然科學展現出愈加濃厚的興趣，以至於完全忽略神學課程，並在這期間結識當時著名的植物學家約翰・史蒂文斯・亨斯洛（John Stevens Henslow）和著名地質學家亞當・塞奇威克

（Adam Sedgwick），在他們的幫助下開始植物學和地質學的系統學習。畢業後的達爾文自然對教會工作不感興趣，在老師亨斯洛的推薦下，他乘上小獵犬號（貝格爾號）軍艦，開啟人生最重要的一次環球科學考察，也是唯一一次科學考察。這五年期間，他親眼見到不同地區的動、植物差異，極大改變他的世界觀，也在考察結束後萌生演化論的思想。其實達爾文的祖父也曾有過這個思想，礙於醫生的聲譽不敢公開，或許達爾文正是在冥冥之中繼承祖父的思想，並結合各演化論先驅的研究，將演化論推到嶄新的歷史高度。

改變世界的一次環球考察

一八三一年年底，一艘滿載著冒險與希望的航船出發了。船長羅伯特·斐茲洛伊（Robert FitzRoy）帶領尉官、醫生、軍官、水手共八十四人，外加若干隨行科學考察人員，計畫前往南美洲最南端的火地島進行科學考察。其實英國政府組織這次航行是為殖民擴張南美洲做準備，科學考察只是幌子。從人員配置可以看出來，做為科學考察最核心的科學家只有達爾文一人，還是臨時找的剛畢業學生。但就是這個學生，將全世界翻了個遍。

海上航行漫長而枯燥，達爾文每次靠岸時，都近乎瘋狂地採集動、植物標本，之後在航行中對其進行分類研究。船艙裡堆滿許多來不及妥善處理的標本，達爾文終日陶醉在這個奇特的世界中。此行有個非常重要的目的地是南美洲的加拉巴哥群島，後來被稱為達爾文島。加拉巴哥群島是火山島，由十三個小島和十九個岩礁組成。群島距離南美洲陸地長達一千多公里，小島上的生物是怎麼出現的呢？按照當時的理論，肯定是上帝安排。但達爾文發現這裡的島嶼靠得非常近，但相互之間的生物卻沒有交流，由於群島上不同島嶼的生態環境存在區別，上面的生物也有著截然不同的形態，其中最明顯的是象龜，溼潤的高地島上象龜更大，而乾燥的低地島上象龜更小。達爾文在此行中還採集大量的地雀標本，後來透過比對發現，不同島嶼上的地雀，由於食物差別，喙的形態差異非常大，這些地雀就是後來著名的「達爾文雀族」。這些神奇

達爾文

達爾文雀族

的差異引發達爾文的思考：如果上帝創造萬物，那上帝能否在這麼短的時間內創造這麼多微小差異？抑或是否有必要為這麼近距離的島嶼專門設計不一樣的生物？達爾文開始思考是不是生物自己轉變成適應環境的樣子。這時候的他，已經開始構思演化論的雛形。

此行結束後，達爾文回國整理標本和資料，他自述於一八三八年偶然讀了托馬斯・羅伯特・馬爾薩斯（Thomas Robert Malthus）的《人口論》，書中說：「人口按幾何級數增長而生活資源只能按算術級數增長，所以不可避免地要導致饑饉、戰爭和疾病；呼籲採取果斷措施，遏制人口出生率。」而這些內容使達爾文立刻想到生命也是一樣，數量增加必然導致競爭，只有「適應環境的變種才會保存下來，不適的必歸滅亡」，這便是後來的自然選擇（天擇）學說。

或許是造物弄人，或許科學的時代必將來臨。誰也沒想到一個神學院畢業的學生，五年航行歸來，已是準備扛起反神學大旗的先鋒。

《物種起源》

跟隨小獵犬號的考察結束後，達爾文已經在學界聲名遠揚，採集的大量南美洲動、植物標本，使得他成為令人尊敬的探險家和博物學家。同時，達爾文開始整理科學考察資料，撰寫關於物種變化的筆記。此時演化論的思想已經在他的腦海中紮根，他非常篤定自己的學說是正確的，但也清楚這個學說將會顛覆整個學術體系，他精益求精，想要將其打造得堅不可破。一八四四年，達爾文著手撰寫進化論的論文。當時，有許多學者冒進地發表不成熟的看法，引來學界唾棄，達爾文擔心自己的學說無法撼動宗教的地位，只是和好友分享。直到一八五八年，年輕的學生阿爾弗雷德．羅素．華萊士（Alfred Russel Wallace）寄給達爾文一封信。當時華萊士正在馬來群島科學考察，同樣受到《人口論》啟發，寫了一篇論證生物隨地理環境變化的論文，其中許多觀點與達爾文的思想不謀而合。華萊士希望這個學說能得到達爾文指點，卻不知道達爾文已經研究演化論二十年。達爾文天性平和，他原本計畫死後再將演化論的論文發表，這樣就可以避開爭論。收到信時，他既驚喜又苦惱，但第一想法還是將發表演化論的風險和功勞讓給華萊士。幸運的是，達爾文的好友查爾斯．萊爾（Charles Lyell）和約瑟夫．道爾頓．胡克（Joseph Dalton Hooker）得知此事後，紛紛催促達爾文發表學說，在他們的建議下，達爾文將手稿濃縮成一篇論文，並與華萊士的論文一同在倫敦林奈學會上進行宣讀。第二年，《物種起源》面世，達爾文成為真正的偉人，偉大到站在上帝的對立面。達爾文和華萊士論文中的觀點之一，是生物的變異受到自然選擇，自然選擇學說於是被稱為「達爾文－華萊士學說」。但華萊士卻十分佩服達爾文對自然選擇的理解之深刻、證據之充分，也認可《物種起源》給學界帶來的顛覆。華萊士總是謙虛地讓出榮譽，將自然選擇理論稱為「達爾文主義」，而這個稱呼沿用至今。

《物種起源》的出版是對思考物種和生命演變的學者一次巨大鼓舞，同時也是對宗教界的巨大打擊。書中的核心內容是對上帝造物論的宣戰，挑戰上帝的地位，而對當時的教會和統治者來說，如果上帝不存在，自己的統治將變得荒誕且不合理，從該書出版開始，教會人士就大規模封殺和攻擊達爾文，公開刊登將達爾文畫成猴子的漫畫，以此來嘲笑他是「下等物種」。但從另一個角度，《物種起源》一經出版就立即售罄，許多學者深深被書中內容感染，自發成為達爾文主義的堅定捍衛者，其中包括湯瑪斯・亨利・赫胥黎（Thomas Henry Huxley）。一八六〇年初，在英國牛津大學自然史博物館，被稱為「達爾文的鬥牛犬」的赫胥黎和牛津大主教圍繞自然造物與上帝造物展開激烈辯論。這場辯論會以演化論一派的勝利告終，達爾文和他的追隨者們在這一役後被歷史銘記。

物競天擇，適者生存

自然選擇學說到底是什麼呢？晚清時，嚴復翻譯了赫胥黎的《演化論與倫理學》，將其定名為《天演論》，書中將自然選擇總結為「物競天擇，適者生存」。這種選擇的過程不是由某種超自然力量干預，而是生命只有以最合適的形態才能在相應的環境中生存下來。自然選擇學說的基本觀點是「過度繁殖、生存鬥爭、遺傳變異、適者生存」，這個觀點與《人口論》的觀點高度契合。一個環境中，生命的指數級增長勢必會導致資源爭奪，而生命在繁殖過程中產生各種形式的變異，其中，適合在鬥爭環境中獲益的變異最終保留了下來。

但想要更深入地了解自然選擇學說的核心，還需要理解以下事情：

㈠生物的變異沒有方向，可能朝好的方向變，也可能朝不好的方向變。

㈡其中優勢變異會有更大的機會產生後代，後代也會攜帶這種優勢變異，並不斷地將變異遺傳下去。

㈢演化不是個體的事，而是整個物種群體的事，只有整個群體都攜帶這種優勢變異，才有機會完成演化。

㈣適者生存其實是自然選擇的結果，不是生命自己去選擇對的生活方式，而是只有對的方式才能存活下來。適者生存的本質是「不適者淘汰」，演化方向錯誤的個體無法存活、繁衍，最終被淘汰，錯誤的變異也沒有留在群體中，於是整個群體完成演化。

㈤自然選擇需要非常長的時間，至少是以萬年為尺規。

演化論的發展歷程中，有個非常著名的例子，就是長頸鹿的脖子。長頸鹿與其他脊椎動物一樣，都擁有七節頸椎，但牠的頸椎卻延長數倍，形成超長的脖子；為了給大腦供血，長頸鹿還擁有強大的心臟和超高的血壓。對主要生長在疏林草原中的長頸鹿來說，長脖子使牠可以輕鬆地吃到其他動物勾不到的樹葉。拉馬克主義的解釋認為早期是長頸鹿吃葉子時努力把脖子伸長，並把稍微長一點的脖子遺傳給後代，每一代慢慢積累，最終形成現在的長脖子，這顯然不符合我們對演化的理解。而自然選擇學說的解釋中，長頸鹿祖先種群在變異過程中出現長脖子、短脖子等各式各樣的後代，其中長脖子的長頸鹿能吃到更多樹葉，更容易存活下來，也有了更多後代；短脖子的同類在競爭中處於劣勢，慢慢被淘汰，最終存活下來的都是長脖子個體，從而完成種群演化。

自然給動物帶來的選擇壓力，包括生存選擇和性選擇兩種。生存壓力下的物種，表現出更強的適應能力，而性壓力下的物種，則往往擁有更多的繁殖機會。其中最典型的例子就是孔雀開屏，長而厚重的覆羽無法帶來任何生存的優勢，反而會帶來危機，而雄孔雀就是用這種鋌而走險的方式炫耀著自己的強大，有一種「我帶著累贅也能存活」的豪氣。有趣的是，二〇二二年發表在國際頂尖期刊《科學》上的一篇論文認為長頸鹿的脖子可能是在性壓力中選擇出來的，更長的脖子會使得雄性長頸鹿在爭鬥時能更好地用頭角攻擊對方。這正是科學最大的魅力之一，從來不會附庸權貴，也從來不會停下腳步。

長頸鹿與自然演化

孔雀開屏

一個好的學說除了能解釋已有現象，還要能推測出一些暫未發現的內容。達爾文在一八六二年收到一盆馬達加斯加的彗星蘭，這種蘭花有接近三十公分的花距，而花蜜只在距的底部，當時沒有任何一種已知的昆蟲有辦法吸到這麼深的花蜜，自

大彗星蘭與非洲長喙天蛾

然就無法替蘭花傳粉。當時的達爾文根據對自然選擇學說的理解，推測出有且只有一種天蛾能完成傳粉任務。而直到四十年後的一九〇三年，這種天蛾才真正被發現，此時達爾文已經逝世二十年。這種天蛾被稱為「Praedicta」（預言的意思）。預測天蛾（馬島長喙天蛾），以及天蛾的出現，成為自然選擇學說非常有力的證據：生命的性狀無論多麼不合理，都一定是最能適應牠們所處環境的一種優勢變異。

「演化」並非「進」化

「演化」的英文是「evolution」，本來是胚胎學預成論的用詞，十九世紀初被添加上物種改變的含義，但仍然帶有「定向」、「預設」之意。達爾文在書中沒有使用過這個詞，他認為自然選擇沒有方向，生命不是必然從低等向著高等去變化，達爾文形容自然選擇的變化是「帶有改變的由來」，這種說法實在難以推廣，慢慢的，「evolution」成為達爾文主義的核心代名詞。嚴復的「天演論」一詞其實是達爾文主義最好的翻譯，但不知為何在歷史中被埋沒了。中文語系已經習慣將其稱為演化論（進化論），近年來有許多學者認為「進」字帶有方向性，應該改為「演化論」，但習慣已難改變，使得許多人在理解「演化論」時多了一層阻礙。我們很容易認為生命會朝著好的方向去改變，無論是長頸鹿脖子變長還是孔雀變漂亮，似乎都是一些比較有利的變異。但實際上，真正的自然選擇是沒有方向的，長時間生活在地下的星鼻鼴視力極差，卻可以靠神奇嗅覺找到獵物，而寄生蟲幾乎放棄運動能力和感知能力，成為極端的「吸血者」。「演化」並非「進」化，自然選擇是適者生存，而不是強者生存。

達爾文之後

一八五九年出版的《物種起源》，劃分了進化論的新舊時代，書中論證兩個核心觀點：㈠物種是可變的，生物是進化的；㈡自然選擇是生物進化的動力。但達爾文主義不是百分之百正確，達爾文過度強調生物的「漸進式」進化，但化石證據的缺乏又無法解釋一些「跳躍式」的演化實例，特別是寒武紀大爆發事件。達爾文無法解釋這麼多樣的生命是如何在短時間內井噴式出現在同一個地質時期，而沒有前期的「過渡祖先」，對此他的解釋是「中間過渡類群滅絕」和「化石證據不足」，但這不足以讓他的反對者信服，而這些缺陷給宗教留下抨擊的缺口。

達爾文主義之後，不斷有演化生物學家對其進行補充或提出新的假說：間斷平衡理論認為生命的演化不都是漸進式，一些特殊的時間、地點可能產生極端的生存壓力，引發跳躍式物種演化；中性演化理論從生命基因層面解釋物種大多數時間積累的都只是中性突變，即不好不壞的突變，中性突變不會受到自然選擇的影響，卻會在種群中逐漸累積，從而實現種群分化；而現代達爾文主義則在達爾文主義的基礎上，結合細胞學、系統發育學、生態學等多學科知識，論證生物的演化，並修訂原先達爾文主義的缺陷，發展成較為全面的當代達爾文主義綜合理論。

當然，宗教層面也在學習和發展，原形假說認為上帝創造各種生物的原形，然後原形根據自然選擇去演化；智慧設計學說則認為世界上的生物都來自一個智慧設計者，有時被認為是存在更高維度的智慧生命。這種理論不像宗教那樣對上帝崇拜，但本質上和神創論學說沒有區別。其實從學科發展的角度來說，神創論是十分消極的觀點，找不到合適證據，想不到合適解釋，就說是由更高級的智慧設計，像極了氣急敗壞的淘氣小孩。而一旦認可這種觀點，彷彿就不需要再進行思考，反正回答不了的問題都可以交給這位萬能的造物主，十分可笑。

達爾文的自然選擇學說被弗里德里希·恩格斯（Friedrich Engels）譽為十九世紀三大自然科學發現，雖然學說中有些內容值得商榷，但一個學科的發展本身就需要經歷曲折，不同學說的交流碰撞是必然的，也是有益的。我們對於各個學派的論述不該急於下論斷，神創論也好，達爾文主義也罷，都是某個時期人們對世界、對自己的思考，當下的我們不妨也參與進來，淺淺地思考生命從何而來——思考的過程總是對的。無論何時我們都不應該停下探索求知的腳步，無論何時都不要停下思考！

孟德爾與摩爾根
探尋生命密碼

黃金時代

十九世紀是博物學，或者說是生命科學發展的黃金時代，憑藉學科的啟蒙和技術的發展，科學家們不斷地探索著生命的本質。馬蒂亞斯·雅各布·許萊登（Matthias Jakob Schleiden）和泰奧多爾·許旺（Theodor Schwann）提出細胞是動植物生命體活動的基本單位。細胞學說還從結構層面上論證生物界的統一性、演化上的同源性，推動生物學的發展。達爾文的演化論則從時間尺度論證生命的演化歷程，構建一個更加客觀的自然史觀。但科學的魅力在於從不會停下思考的腳步，生命是怎麼實現變化的，變化是怎麼積累的，生命演化的本質是什麼，原動力是什麼，想解答這些問題，就需要解開生命的密碼——基因。

孟德爾與「3：1」

格雷戈爾．孟德爾（Gregor Mendel）出生於奧地利的農民家庭，從維也納大學畢業後，回到布隆擔任修道院神父。由於孟德爾童年就受到家中園藝學和農學的學科啟蒙，在神父工作的閒暇之餘，他開始種植豌豆，並嘗試改良品種。但培育過程中，他慢慢發現豌豆的性狀似乎隱藏著有趣規律，而他也著手專門研究豌豆的遺傳規律，一種就是八年。孟德爾在大學修學時，接受了嚴格的科學訓練，對科學研究非常感興趣。他在豌豆實驗的開展上，非常嚴謹和細膩。首先購買三十四個品種的豌豆，從中挑選合適的實驗材料二十二種，在不斷地種植與收穫中，選取七對顯著的相對性狀進行統計。他選用同一對的不同性狀的母本和父本純種豌豆雜交，發現第一子代（F1代）只表現出其中一種性狀。而F1代繼續自花傳粉產生的第二子代（F2代）中，原本「隱藏」的性狀又出現了，而且兩種性狀的後代數量比例接近3：1。而這種現象在七對性狀中都存在，說明不是偶然。於是孟德爾提出分離假說，認為性狀由一對神祕的因數控制，個體產生後代的過程中，這一對因數會產生分離。接下來，孟德爾開始設計實驗，並進行實驗檢驗，最終得出結論。而這套實驗的方法奠定現代生物學最基本的科學流程：假說演繹法。其他植物上進行驗證後，孟德爾證實他提出的分離定律，開創遺傳學，該定律被稱為遺傳學第一定律。隨後，孟德爾在分離定律的基礎上，進一步探究兩對、三對性狀的分離情況，並最終發現遺傳學第二定律：自由組合定律。孟德爾的兩大定律是遺傳學中最基本、最重要的規律，後續的遺傳學規律都建立在這兩大定律的基礎之上，而自由組合定律也為自然界生物的多樣性提供理論支援：例如當生物具有十對性狀，理論上牠們的後代可能出現的不同性狀組合就有 $2^{10}=1,024$ 種，二十對性狀的情況則是 $2^{20}=1,048,576$ 種，但實際上生物的性狀遠不只這些，因此即便是同一種生物也會出現極大差異性。

孟德爾的實驗極具開創性和前瞻性，他把生物學、統計學和數學等學科融合起來，並將生物遺傳從個體層面分割為性狀層面。但很可惜，同時代許多博物學家無法理解論文的真正含義，人們對他枯燥而重

孟德爾

摩爾根

複的實驗資料毫無興趣，孟德爾的天才結論被埋沒了。直到他離世十六年後的一九〇〇年，荷蘭和德國的遺傳學家同時獨立地「再現」孟德爾遺傳定律，世人才真正意識到遺傳學的時代到來了。

摩爾根與果蠅

一九〇〇年後，孟德爾的理論已經受到大多數科學家支持，基於孟德爾定律，沃爾特·薩頓（Walter Sutton）提出染色體學說，認為染色體是性狀的載體，分離定律的本質就是生物產生後代過程中染色體的分離。但遺傳學的發展剛起步，仍有少數人不認可遺傳學定律，其中包括托馬斯·亨特·摩爾根（Thomas Hunt Morgan）。摩爾根是美國遺傳學家，早期他在家鼠的雜交實驗中試圖重現孟德爾定律，卻發現實驗結果與預期相去甚遠，引起他對孟德爾學說和染色體理論的懷疑。一九〇八年起，摩爾根選用果蠅做為實驗材料來研究生物遺傳過程中性狀的突變現象。果蠅是蒼蠅家族中體型非常小的一類，僅需十天就可以完成卵、幼蟲、蛹、成蟲的生命週期，一年可以繁殖三十代，而且後代數量大，易養活，是絕佳的雜交實驗材料。摩爾根在黑暗無光的環境中，用了兩年時間不間斷地飼養六十九代果蠅，卻沒有發現果蠅身上出現「適應黑暗」的進化。第二次實驗時，摩爾根用更加極端的X光、鐳射、高溫、高鹽、酸鹼等方式刺激果蠅產生突變，一九一〇年九月，終於在原本紅眼的果蠅群體中，出現一隻異常的白眼雄性果蠅，正是這隻果蠅把遺傳學推到新的高峰。對於這隻難得的白眼果蠅，摩爾根十分細心地照顧，並給牠安排重要的繁殖任務。雜交後的F1代中，所有果蠅後代都是紅眼，這種性狀隱藏與孟德爾的實驗結果相符。關鍵是F1代相互雜交產生的F2代，紅眼果蠅與白眼果蠅的數量比，正是3：1。面對這個資料，摩爾根對前輩孟德爾算是發自肺腑地信服了，開始認真研究孟德爾的遺傳學定律。

但實驗還沒有結束，摩爾根發現所有的白眼果蠅都是雄性，而果蠅的性別是由性染色體XY決定，這種伴聯遺傳的現象說明決定果蠅白眼的基因位於X染色體上，性狀基因與性別基因同時存在，就像被鎖鏈綁住一樣，這就是基因的連鎖定律。後來摩爾根進一步發現，這種規律不只發生在性染色體，普通染色體上，當兩個基因足夠靠近時，就更有可能連鎖；而兩個基因離得愈遠，連鎖的機率愈低，這就是遺傳學第三定律：連鎖互換定律。

摩爾根的實驗不僅奠定他在遺傳學中的地位，更是讓果蠅這種生物成為現代遺傳學研究的第一選擇：果蠅具有飼養簡單、繁殖力強、週期短、染色體數量少等優點，也是投入科學研究力量和經費最多的昆蟲；而果蠅不負眾望地解決許多遺傳學及科學問題，成為「拿獎」

最多的昆蟲。

自私的基因

控制性狀的到底是什麼呢？達爾文在「泛生論」中創造「泛生子」（pangene）一詞，來表示性狀在生物間的遺傳；而孟德爾在其論文中則用「天性」（anlage）和「因數」（elemente）兩個詞來描述控制豌豆性狀的神祕物質。但這些說法都不夠直接，難以理解。直到一九〇九年，威廉．約翰森（Wilhelm Johannsen）在自己出版的書中，將pangene中多餘的詞幹「pan」去除，保留「gene」，以此描述這種控制著生物性狀的「某種東西」。起初這個詞出現時，人們不知道是什麼意思，只知道應該有這個東西決定生物的性狀，但這個詞卻足夠讓人們交流與理解。gene一詞後來被潘光旦先生中譯為「基因」，這一定是生物科學領域最美、最佳的翻譯，既是完美的音譯，也是完美的意譯，「基因」代表生物遺傳的「基本因數」，而它也開闢了一個全新且重要的研究領域——分子生物學。後來，科學家們知道基因是染色體上一個一個的小片段；再後來，我們又知道基因是編碼一個蛋白質的DNA（去氧核糖核酸）片段，上面由四種鹼基密碼排列組合而成……

生命的很多特性都受到基因直接或間接的影響，如外形外貌、身高體重，甚至口味偏好等。傳宗接代是生命的本能，但真正需要傳遞下去的是什麼呢？是所謂的血統，還是看不見的某種精神？實際上都不是，生命考慮的沒有那麼多，需要傳遞下去的就是自己的遺傳物質，也就是自己的基因。當雄性動物爭奪配偶時，是為了讓基因能夠傳遞；雌性動物哺育後代，也是為了讓基因能傳遞更久，生命的本質或許就是自私的基因延續。英國學者理查．道金斯（Richard Dawkins）用《自私的基因》一書很直白地闡釋這個現象。生命的行為無論看起來是利己還是利他，都是最利於傳播基因的。

蜜蜂是種很獨特的社會化昆蟲，家族中占據多數的工蜂放棄繁殖能力，看起來似乎不利於牠們基因的傳播，但其中的原理非常巧妙：普通的繁殖模式下，一個孩子會遺傳獲得父母各二分之一的基因，假如工蜂自己去產生後代，後代會有二分之一的基因來自工蜂，但由於蜂群具有十分獨特的繁殖方式，蜂后產生的後代，如果來自同一個雄蜂父親，這些「姊妹」的基因相似程度必定高於二分之一，平均下來是四分之三的相似度，因此，交給蜂后產生後代，比工蜂自己產生後代遺傳的基因更多。當然，這只是從基因層面解釋蜜蜂社會行為的底層原因，但牠們如何發展出這麼複雜的社會性，仍待研究。

基因與生物進化

明白基因與遺傳學規律後，再來理解生物進化就會更加容易。生命的歷史長河中，遺傳物質在傳遞過程會發生改變，可能導致原本的基因發生變化，有好的變化，有不好的變化，也有中性的變化（中性演化理論）。當出現一個好的基因，這個基因的主人更容易生存或繁衍，擁有的後代就會多於中性或不好的基因。隨著好基因在種群中的比例愈來愈高，這個種群就完成演化。同理，不好的基因則因不易生存或在繁衍上處於劣勢，後代中的比例會降低，最終該基因會被淘汰。所以自然選擇學說的基本觀點是「過度繁殖、生存鬥爭、遺傳變異、適者生存」。

基因的未來

現代生物學已經掌握基因的基本屬性，遺傳物質是雙螺旋的ＤＮＡ結構，知道基因是去氧核苷酸的排列，而隨著科學的進一步發展，科學家們似乎可以對生命進行更多「控制」。

㈠**定向品種改良**：傳統遺傳學只能透過雜交技術讓性狀隨機組合，而現代遺傳學則可以針對性地設置父本、母本，有目的地獲得優良性狀的後代。

㈡**人工基因突變**：利用紫外線、鐳射甚至太空環境等因素，刺激基因快速突變，以此獲得潛在的優良種源。

㈢**轉基因技術**：利用分子生物學手段，將一個完整的基因整合到一個生物個體中，高效、準確、快速地獲得具有優良性狀的個體。轉基因技術已經發展得非常成熟，不僅在生產中得到運用，為科學實驗也提供極大的便利。

㈣**基因編輯技術**：直接在生物體內修改基因，將原本的去氧核苷酸序列更改為指定的其他序列，以此實現對基因的編輯。基因編輯技術最早在一九九六年提出，直到二〇一三年的第三代技術趨於成熟，也引發生物學界爭論的熱潮。

㈤**人造生命**：既然生命的本質是DNA序列，人類是否可以自己創造生命呢？理論上可以，但人類生命的鹼基對數量十分龐大，因此科學家們嘗試從小生命開始。二〇一〇年，科學家們將一種叫做黴漿菌的微生物DNA摧毀，引入人工設計與合成的DNA，合成出世界上第一個擁有完全合成基因組的生物，含有九百零五個基因。而後，科學家們產生疑問：究竟怎麼樣才算生命，對於生命來說最重要的基因是哪些？

二〇一六年，更小的生命誕生了，僅有四百七十三個基因，雖然其中仍然有非常多基因功能尚不明確，但它的存在為我們探究組成一個生命所需的最簡基因列表提供了幫助。

對於生命，科學到底能做到什麼程度呢？純粹的科學探究沒有止境，或許終有一天人類可以真正成為造物主，完全創造出一個生命。但科學之外，我們仍然應該保持對生命的尊重與敬畏。這些看似簡單的基因，其實是編碼生命三十八億年時光的密碼。

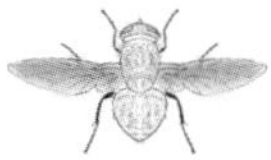

蒼蠅與蚊子

揭祕瘟疫之源

叢林毒師

如果要評選最討人厭的昆蟲，蚊子一定會摘得桂冠。但地球的很多地方，一個好的生態系統不會有大量蚊子，大自然中有非常多生物以蚊子為食，會將蚊子控制在適當的數量，而人類環境下由於缺乏天敵生物，才容易滋生大量蚊蟲。但即便如此，每一次野外科學考察，我們都需要做好萬全準備，因為自然界中，還有更可怕的生物：小咬。小咬與蒼蠅、蚊子同為雙翅目昆蟲，但體型更小，棲息在悶熱的熱帶雨林之中，非常難以察覺，亞馬遜雨林裡，每天晚上洗澡時才能發現小咬的罪證！不知道是不是叢林裡的食物太過匱乏，我們一行人穿著長袖衣褲緊緊包裹著身體，還噴了大量防蚊液環繞，但還是抵擋不住小咬的進攻，牠們會準確尋找到衣服之間裸露的皮膚，趁人不備就猛吸一口血。其實小咬叮人不疼，但叮咬後的傷口奇癢難忍，而且會持續一週以上，其間任何止癢藥都無濟於事，只能使勁撓才能緩解，而代價就是從一個小小的包慢慢擴散成一塊疤痕。每次從亞馬遜雨林探險歸來，我都會十分自豪地說這裡沒有大家想像的那麼危險，然而其他人看著我手臂、脖子、腿上無數的包，若有所思地搖搖頭，而我會說這些是科學考察的證據，是亞馬遜雨林留給我的回憶。有趣的是，小咬從來不咬臉，或許是知道臉部沒有足夠的血管，或許是不忍心傷害我的面容吧！

相比之下，城市裡的蚊子似乎溫和許多，一般來說，癢一、兩天就會緩解，抹點花露水還會更快，所以人們對蚊子總是既討厭，又無奈，任由牠肆虐。但這些與我們相伴為鄰的小昆蟲，卻是最為可怕的毒師，牠們自身傷害不大，卻依靠體內攜帶的病毒成為人類第一大殺手。

大開殺戒的瘟疫之源

自古以來，瘟疫一直令人聞風喪膽，在醫療手段不足（特別是對疾病認識不準確）的年代，瘟疫意味著大規模的感染和疾病，甚至是死亡。無數醫生在瘟疫治療上出謀劃策，甚至設置專門的疫所來安置病人，實現早期的隔離防治。隨著醫學的發展，人們意識到尋找傳染源比單純治療更加重要，於是科學家們把目光聚焦在那些最常見的小生物身上。

瘟疫不同於戰爭，似乎更加狡猾，來無影去無蹤。很多古人認為天災是上天對世人的懲罰，認為以人之力無法應對，於是轉而拜神求佛。但確實不能怪古人迷信，很多時候，瘟疫是由寄生蟲、細菌、病毒等造成，而這三類病原生物都非常微小，在科學技術不發達的年代，根本無法找到牠們。而且，這些病原生物的攻擊都是從人體內開始，等病人出現表徵，已經錯過最佳治療時機，同時還具備強大的傳染性，會快速地將病原傳播給其他人。當然病原的傳播沒有想像中容易，需要近距離接觸，即使是能透過咳嗽、噴嚏傳播的病菌，也需要周圍有人才行，因此人口密度低的年代，很多病原不會形成大規模瘟疫。真正令人害怕的還是瘟疫傳播的罪魁禍首——蚊蟲！蒼蠅和蚊子很早就在人類的生活中出現，牠們會頻繁地與人接觸，而且善於飛行、活動範圍廣泛，同時具備超強的繁殖能力，往往環境愈差的地方，牠們的數量愈多。而牠們身上非常容易攜帶病原生物，隨著在人類生活中的活動，牠們會快速地傳播疾病，引發瘟疫。而一旦爆發瘟疫，人們往往疲於治療與照顧患者，無暇顧及衛生安全，衛生條件就會被擱置，進而形成一個閉環。

蚊子與瘧原蟲

蚊子是一類昆蟲的統稱，或許也是我們最熟悉的昆蟲之一，牠們有著細長的身體、腿和透明的翅膀。雖然不起眼，每當在耳旁飛過，嗡嗡的聲音會迅速暴露牠們的蹤跡。蚊子是完全變態發育的昆蟲，幼蟲需要生活在水中，稱為孑孓。孑孓食性廣泛，對水質要求不高，取食水中的腐爛物質就能生活，所以積水非常容易滋生蚊子。而長大後的蚊子則多了個令人討厭的技能——吸血。當然，不是所有蚊子都會吸血，對昆蟲來說，血液不算太好的食物，花粉、花蜜等更易獲得且已經足夠牠們生活。蚊科昆蟲只有一部分會吸血，而且只有雌蚊子會吸血，吸血是為了讓卵巢發育，如果不是為了產卵，雌蚊可以與雄蚊一樣依靠花蜜存活。雄蚊子完全不吸血嗎？有科學家做過實驗，只提供血液食物的情況下，雄蚊子也會吸血，但卻會使牠們折壽。而自然情況下的雄蚊子幾乎不吸血，不信你看，吸血蚊子的觸角都是絲狀，而那些觸角像毛刷一樣的，只是過來尋找配偶而已。蚊子在吸血這件事上，做好十足準備。昆蟲的口器基本上由上唇、下唇、大顎、小顎和中舌五個部分組成，一般來說，口器的主要功能是取食，而蚊子的口器極端特化，每一個部分都為了更好地吸血而做出改變。蚊子吸血的過程絕不只是簡單的叮咬，而是口器特化的六根「小針」在做著極高難度的微創手術。

蚊子口器最外面的部分是下脣，下脣包裹著其他的結構，叮進皮膚時，下脣會折疊，此時的下脣發揮引導和輔助其他口器的作用。最開始「攻擊」的是大顎和小顎，這兩個結構末端都有類似鋸子的結構，可以輕鬆地切開皮膚組織。而進入皮下之後，大顎和小顎還可以移動，會在細胞中探索血管的位置。這個過程中，牠們會「咬」壞許多細胞，只不過口器太小，我們感覺不到疼痛。找到血管後，上脣和中舌就開始發揮關鍵功能，上脣負責吸血，而中舌負責向動物血液中分泌唾液，這些唾液中含有非常重要的抗凝血酶，不然這種微小的傷口會快速凝固。而被蚊子叮咬後皮膚發癢，罪魁禍首就是這些抗凝血酶，引發人體的過敏反應。蚊子吸血過程中，最可怕的就是中舌，如果只是單純吸血可能還好，但中舌會向血液中分泌唾液，而血液又連通著人體全身，一旦這個唾液中含有其他東西，就會以非常快的速度傳送到人體各個組織。許多透過蚊子傳播的疾病，正是在蚊子叮咬的過程中廣泛傳開：蚊子先叮咬病人，把帶有病原的血液吸入身體，之後再去叮咬健康的人，此時就把病原傳播出去。

蚊子傳播的疾病中，最可怕的是瘧疾。瘧疾是由瘧原蟲引起的疾病，可以透過血液傳播，蚊子是非常重要的傳播媒介。瘧原蟲感染後會破壞紅血球，進而引發週期性發冷、發熱、多汗等，多次發作後誘發貧血、器官衰竭，會致人死亡。迄今為止，瘧疾仍然在全球四

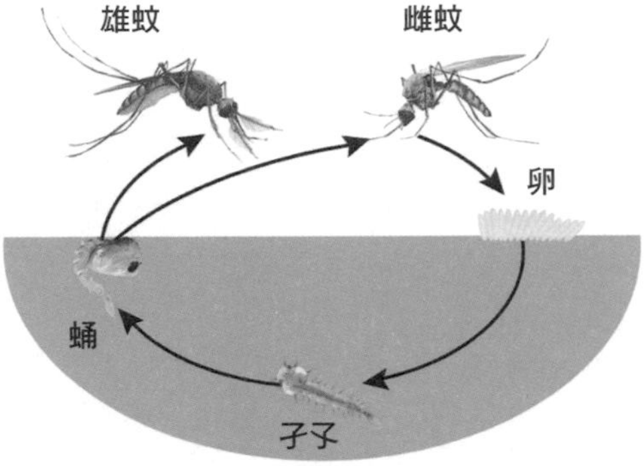

蚊子生活史

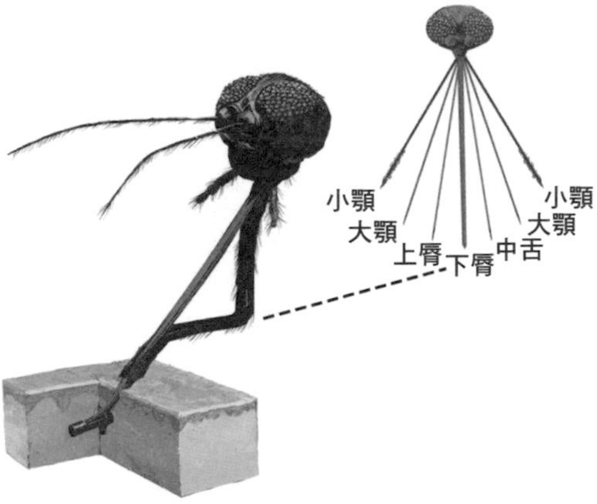

蚊子的口器結構

○%的地區流行。瘧疾的發生無法預料，瘧疾的英文「malaria」意為骯髒的空氣，中國古人認為這是有毒的「瘴氣」，可見當時中、西方都意識到瘧疾與環境衛生有關，卻找不到有效的解決辦法。早期應對瘧疾的方式是躲，離開「有毒的空氣」；稍微好一點的方法是保持環境衛生。直到一九八四年確定蚊子是傳播瘧疾的媒介，人們開始針對蚊子進行治理。但對於瘧疾一直停留在治療症狀的層面，針對瘧原蟲的藥物不是療效不足，就是副作用大，再不然就是價格昂貴難以推廣；且瘧原蟲對於普通的抗瘧藥物很容易產生抗藥性。屠呦呦擔任中藥抗瘧研究組組長時，遍尋古方，對二百多種中藥、三百八十多個樣品進行藥物活性篩選，並在古藥方的啟發下，用低溫萃取青蒿素，而以青蒿素為主的聯合療法是目前世界上治療瘧疾最有效的手段，在全世界挽救數百萬人的生命，治療患者數億人，屠呦呦因此獲得二〇一五年諾貝爾生理學或醫學獎。

蚊子與病毒

生活中最常見的吸血蚊子其實有三類，家蚊（庫蚊）、黑斑蚊（伊蚊）和瘧蚊（按蚊），而且不同的病原通常只會透過對應的蚊子種類進行傳播，瘧蚊傳播瘧疾，家蚊傳播日本腦炎，黑斑蚊傳播登革熱。

登革熱是由登革病毒引起、經黑斑蚊傳播的蟲媒傳染病，會導致發熱、皮疹、全身疼痛和出血症，是夏季好發的急性傳染病。媒介黑斑蚊身體黑白色交替，休息時後足上翹，也被稱為「花蚊子」。登革熱主要在熱帶和亞熱帶地區流行，該病毒必須依賴蚊子的叮咬，人與人接觸不會直接傳染。登革病毒經血液進入蚊子體內後，會有八～十天的增殖期，此後蚊子叮咬健康人時就會傳播病毒，被感染的蚊子會終身帶毒，少數甚至可以透過卵將病毒傳給後代，對於登革熱病毒最重要的防治手段就是滅蚊。

蒼蠅與細菌

蒼蠅是雙翅目昆蟲，雖不吸血，但很喜歡人類的食物，也是與人為伴的昆蟲。蒼蠅的幼蟲是蠅蛆，沒有腿，也沒有明顯的頭部，蠅蛆對生活環境毫不挑剔，爛水果、食物、動物屍體甚至糞便都是牠們的家園，不斷在「食物」中蠕動，十分噁心，因此蒼蠅是一種非常討人厭的害蟲。

但蒼蠅的危害遠不只這些，牠們的口器很獨特，被稱為舐吸式口器，像一片大海綿，可以快速地吸取食物上的汁液。如果遇上固體，蒼蠅也有辦法，牠會分泌唾液將食物消化成液體後再吸食。同樣是因為有吸、有吐的取食方式，細菌可以借助蒼蠅進行傳播。蒼蠅從不挑食，什麼都吃，如食物、腐爛物、屍體、糞便等。在「垃圾食物」中活動時，牠們的身上會攜帶大量細菌；而且牠們也不講究，每每是剛吃完一個，就飛到另外的食物上去。而蒼蠅本身卻有獨特的抗菌能力，一方面能產生抗菌物質，另一方面擁有極快的消化速度，吃、消化、排便的流程下來，一般只需要七~十一秒。被蒼蠅碰過的東西，肉眼看著沒差別，實際上可能已經有來自其他食物的殘渣、蒼蠅的口水、蒼蠅的糞便等，不僅非常髒，還有大量病菌。已有研究表明，蠅類接觸傳播的病原體超過三十種，包括細菌、原生動物、病毒甚至是寄生蟲卵等。

其中比較常見的是痢疾，由痢疾桿菌引發的細菌性傳染病，會引起較為嚴重的腸道病症。感染後會透過糞便排出人體，一般來說很難造成二次傳播，但蒼蠅在其中推波助瀾，自己不會受到桿菌攻擊，卻把病原攜帶到原本乾淨的食物上，所以說病從口入不無道理。

我們對世界的認知逐步加深，隨著科學發展，我們意識到瘟疫來源於寄生蟲、細菌、病毒；隨著科研的探究，我們知道昆蟲是傳播疾病的重要媒介。於是治療疾病之外，還可以透過消滅昆蟲來阻斷疾病的傳播途徑。自然界藏有很多奧祕，認識自然也能擁抱更美好的生活。

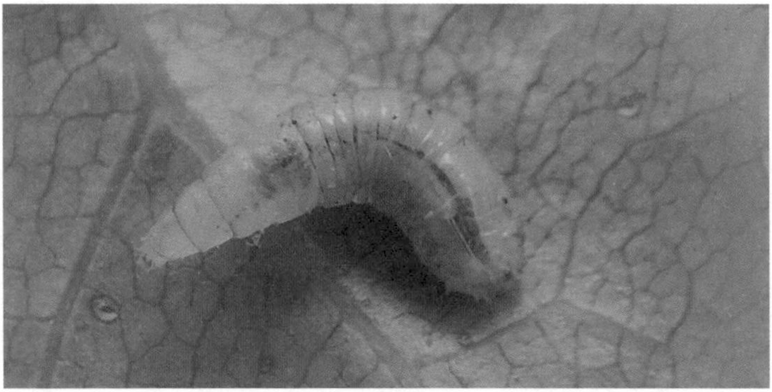

蠅蛆

蒼蠅的口器

專題

諾貝爾獎與昆蟲

每年四月二十四日是世界實驗動物日，許多動物在科學的發展歷程中做出巨大犧牲，牠們從出生開始就被規劃好一切。許多人替這些動物感到惋惜和憤憤不平，呼籲著科學能給動物們更好的歸宿。然而這種呼籲浪潮中，實驗昆蟲似乎從來都「不被重視」。或許不是所有人都關心昆蟲生活的開心與否，但論數量，牠們絕對是科學研究中犧牲最大的類群。昆蟲在科學家們的「指揮」下，完成一項又一項實驗，而世界科學最高獎諾貝爾獎的頒獎臺上，一個又一個故事述說了屬於牠們的輝煌。

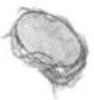

大發明家與科學最高獎

阿佛列．伯恩哈德．諾貝爾（Alfred Nobel）一八三三年出生於瑞典。父親是工程師，同時還是發明家，從小耳濡目染的諾貝爾對研究和發明頗感興趣，他一生擁有三百五十五項發明專利，透過發明製造積累大量財富，開設超過一百家公司。為了鼓勵其他學者，諾貝爾將大部分遺產設立為獎項基金，將基金每年的利息分為五份，做為獎金頒發給獲獎人，諾貝爾獎開始時設立物理學、化學、生理學或醫學、文學與和平獎五個獎項，一九六九年增設經濟學獎。諾貝爾擁有雄厚的財富實力，加上經常有政府和民間組織的捐款，諾貝爾獎的獎金非常豐厚，單項獎的獎金相當於一個教授一生的積蓄，因此諾貝爾獎的評選極其嚴格，每次獲獎者都是該領域裡做出重大貢獻的人。此外，諾貝爾獎還規定每年每個獎項只能由不超過三個人獲得，不允許集體獲獎；每年的名額極其有限，能獲得諾貝爾獎的研究都是或多或少改變人類甚至改變世界，而諾貝爾獎因此成為科學界頂級獎項。諾貝爾獎中，與生物科學最相關的是生理學或醫學獎，一九〇一年～二〇二二年的一百二十二年中，共有九百八十九人次獲得諾貝爾獎，其中生理學或醫學獎共有二百二十四人次，這些人之中至少有十位科學家的研究是昆蟲學領域。

「雕蟲小技」也能獲獎

昆蟲是世界上種類和數量最多的一類生物，科學研究領域中，昆蟲也是重要的研究材料。一百二十二年來，諾貝爾獎的舞臺上多次出現昆蟲的身影。

一九〇二年，羅納德．羅斯（Ronald Ross），瘧疾。瘧疾長久以來都是難以治療和預料的瘟疫，而羅斯在瘧疾疾病的研究上，證實瘧疾是由某種病原體入侵生物體引發，是一種會傳播的疾病，有力地反駁「有毒空氣」和「天災」的謬論，為之後更深入的研究和對抗瘧疾奠定科學基礎。

一九〇七年，夏爾．路易．阿方斯．拉韋朗（Charles Louis Alphonse Laveran），瘧疾。拉韋朗進一步發現瘧疾是由一種單細胞的原生動物引發的疾病，確認瘧疾真正的罪魁禍首，也是第一次發現原生動物具有造成疾病的能力。拉韋朗的發現為瘧疾的治療提供可靠的依據，同時為醫學家解析病症提供新的思路。一九〇一年，拉韋朗還發現錐體蟲可以造成非洲昏睡病。

一九二八年，夏爾．尼科勒（Charles Nicolle），蝨子。蝨子是一類體型很小的寄生蟲，翅膀退化，腿上特化出抓握的足，專門攀附在動物體毛上，以吸血為生。尼科勒發現蝨子是斑疹傷寒的媒介昆蟲，會引發該疾病的傳播。蝨子的治理相對容易，該研究為斑疹傷寒的防治提供非常重要的理論支援。

一九三三年，托瑪斯．亨特．摩爾根，果蠅。摩爾根在果蠅上的研究，不僅證實孟德爾遺傳定律的正確，更重要的是他發現基因的連鎖特性和交換特性。該研究正式確定染色體學說，奠定染色體遺傳學的科學研究基礎。

一九四六年，赫爾曼．約瑟夫．馬勒（Hermann Joseph Muller），果蠅。馬勒利用X射線照射果蠅，發現果蠅的突變頻率增加，證實X射線會誘發基因突變，開創輻射遺傳學領域的研究。

一九四八年，保羅．赫爾曼．穆勒（Paul Hermann Müller），昆蟲。DDT是完全人工合成的化學物質，最早在一八七四年合成，直到一九三九年穆勒發現DDT具有極強的廣譜抗蟲性，幾乎能消滅所有的農業害蟲，DDT被迅速推廣開來。DDT的使用不僅增加農業生產量，還在治療蟲媒疾病如瘧疾、痢疾上發揮重要作用，挽救許多生命。但好景不長，六〇年代左右，科學家們就發現DDT做為非天然物質，在自然界中極難降解，且在生物體內會逐漸富集，除了昆蟲外，對小動物甚至人類都具有毒性。七〇年代後，世界各國逐漸禁止DDT的使用。DDT是歷史上最知名的一種物質，一面天使，一面惡魔。

一九七三年，卡爾．馮．弗里希（Karl von Frisch），蜜蜂。弗里希一生專注觀察蜜蜂，準確地分辨出蜜蜂會以「8字舞」的方式向其他工蜂傳遞蜜源資訊。弗里希是昆蟲行為生態學的創始人，開創研究動物行為模式和動物社會行為規律的學科領域。

一九九五年，愛德華．路易斯（Edward B. Lewis）、艾瑞克．威斯喬斯（Eric F. Wieschaus）、克里斯汀．紐斯林－沃爾哈德（Christiane Nüsslein-Volhard），果蠅。這三位科學家以果蠅做為實驗材料，發現果蠅胚胎發育早期中的調控機制，並證實這個機制同樣適用於高等動物，包括人類。這個研究有助於解釋胎兒發育不良、先天畸形等醫學難題，為之後的胚胎干預治療提供理論支援。

二〇一五年，屠呦呦，瘧疾。瘧疾一直是最令世界衛生組織頭疼的疾病，由於蚊子的防治太難，瘧疾在一些落後地區很難根治，屠呦呦團隊提煉的青蒿素是瘧疾最有效的治療手段之一，在全世界已經挽救無數人。

上述直接與昆蟲學相關的諾貝爾獎說明，對昆蟲的學習、研究不會只停留在認知層面，昆蟲研究可以大有作為。而透過這些獲獎的研究，我們會發現獲獎最多的竟然是蚊子和果蠅這兩種「小蟲子」。其中蚊子是可怕的瘧疾媒介，關乎數億人的生命安危，果蠅則是最佳實驗材料，以探索基因與遺傳的無限可能。當然不是說對其他昆蟲的研究沒有價值，只是諾貝爾獎的評選實在太過嚴格，而昆蟲類群又太過多樣，很多昆蟲與人沒有那麼密切的利害關係。同時，諾貝爾獎只是代表科學研究的一個層面，有更多昆蟲學研究在其他領域發揮不可磨滅的作用。總之，昆蟲學習與研究不是兒戲，蘊含著改變人生、改變世界的無盡可能。

專題

昆蟲的發育與變態

科學發展是從發現規律和解釋現象開始，昆蟲是非常複雜的類群，科學家們透過觀察和總結，尋找出昆蟲生長發育的規律，並用一些專業詞彙進行描述，這是科學家們認識世界和相互交流的必然過程。昆蟲與人的差別非常大，人類從呱呱墜地到慢慢長大成年，再到年老體衰，有著數不盡的身體變化，我們對這個過程非常了解，即便沒有親自體驗，也可以從周圍的人群中感受到。而相比之下，昆蟲不僅外表令人害怕，其每個階段的變化也讓我們難以理解，或者說難以代入主觀視角去體驗。例如，我們很難想像昆蟲變成蛹時，怎麼做到把自己溶解，也很難理解昆蟲為什麼需要蛻皮才能長大。其實這是很有趣的過程，但在我們發揮想像力之前，還是先來了解一下昆蟲的一生會發生哪些有趣的變化吧。

昆蟲的生長

蛻皮

無脊椎動物的身體中間沒有骨骼的支撐，牠們的形狀通常是可變的，例如蝸牛可以輕鬆地縮回殼中。無脊椎動物也是脆弱的，需要找到保護自己的方式，例如蝸牛的殼、水母的刺細胞等。而在無脊椎動物家族中的節肢動物們，選擇在身體外面包裹一層鎧甲，這層幾丁質的外殼是其身體最外層的組織，只包含一層細胞及其分泌物，能做為節肢動物身體器官和外部環境之間的保護屏障，為節肢動物提供保護，同時幫助塑造體形。正是有了這層外骨骼的支撐，節肢動物能在陸地上更好地生存，其中昆蟲是多樣性最高的類群，並發展成為最成功的陸生無脊椎動物。

硬化外骨骼確實是非常有效的手段，但防止外部傷害的同時，也影響昆蟲身體的生長。隨著幼蟲的發育，牠們必須週期性地進行蛻皮以實現身體的生長。昆蟲蛻皮是很複雜的生理過程，但可以將其簡化為以下步驟：

第一步：蟲體內部產生新表皮，並與舊表皮分離；

第二步：透過吸入空氣或水分將舊表皮撐開，蟲體從裂縫中鑽出；

第三步：昆蟲快速吸入空氣或水分，使新表皮迅速擴展，之後新表皮分泌幾丁質和蛋白質等，形成新的硬化外骨骼。

齡期

不同昆蟲蛻皮週期和次數有較大差異，大多數昆蟲如直翅目、半翅目和鱗翅目為比較穩定的五次，最少的雙尾目的某些昆蟲只蛻皮一次，而最多的纓尾目昆蟲可蛻皮多達五十次以上。對於蛻皮次數較少且穩定的昆蟲來說，每一次蛻皮所對應的體形體態變化基本是恆定的，因此可以根據幼蟲的形態來推斷「年齡」，或者說

蝽的孵化

蠶蛹

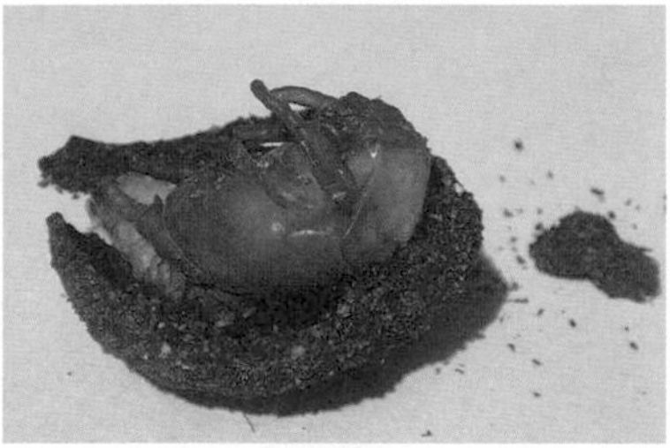

甲蟲蛹

齡期。

剛孵化的幼蟲稱為一齡幼蟲，之後昆蟲每蛻皮一次，齡期加一，稱為二齡、三齡幼蟲等。蛹期或成蟲期最後階段的幼蟲，有時也稱為末齡幼蟲。

孵化

一般來說，昆蟲繁殖後代需要透過產卵，而新生的幼蟲從卵中出來的過程便是孵化。幼蟲形態各異，牠們孵化的方式各式各樣。鱗翅目幼蟲有著咀嚼式口器，可以直接將卵殼咬破；蝽類的卵預留一個方便幼蟲打開的卵蓋，看起來彷彿小酒桶。剛孵化出來的幼蟲與剛蛻皮的幼蟲一樣，還沒形成完善的外骨骼，會透過取食、吸入空氣或水分等方式迅速擴展身體。而由於一齡幼蟲比較弱小，表現出許多有趣的自我保護行為，例如模擬螞蟻、模擬糞便或集群活動。

化蛹

一些昆蟲在發育過程中會進入不食不動的狀態，這個蟲態稱為蛹，末齡幼蟲蛻皮形成蛹的過程被稱為化蛹。蛹期的昆蟲看似不動，但會經歷非常劇烈的變化，蛹期前的幼蟲與蛹期後的成蟲有著全然不同的身體構造和生活方式。蛹本身是比較容易受攻擊的狀態，因此很多昆蟲的蛹都會比較隱蔽，或者有額外的保護措施，例如蠶的繭、兜蟲的土室等。

羽化

當昆蟲個體完全發育且具備生殖能力時，稱其為成蟲；一般來說，昆蟲的成蟲都有翅膀，因此蟲體從前一個階段蛻皮變成成蟲的過程稱為羽化。羽化內在的變化，具備了完善的生殖系統；而外在的變化，則是多了翅膀。但剛羽化出來時，昆蟲的翅膀是擠在一起的，只有在體液充盈且硬化之後，才能具備飛行能力。

昆蟲的變態

昆蟲的個體發育過程中，會經歷一系列改變，特別是有幾個比較顯著的階段形態，即昆蟲的變態發育。昆蟲的變態包括增節變態、表變態、原變態、不完全變態和完全變態五個類別，其中，不完全變態和完全變態是最常見的類型。不完全變態發育的昆蟲，不經歷蛹的階段，只有卵期、幼期和成蟲期。幼期的蟲體隨著齡期的增加，逐漸長出可見的翅芽。不完全變態又可分為半變態、前變態和過漸變態三個亞型。

半變態的昆蟲幼期生活在水中，末齡幼蟲離開水面羽化成蟲。幼蟲與成蟲在形態、食性、呼吸和運動方式上有明顯差別，其幼蟲統稱為稚蟲。

前變態的昆蟲幼期與成蟲期十分相似，差別基本上僅在於體型大小、生殖器官和翅膀有無上，其幼蟲統稱為若蟲。

過漸變態是特殊的前變態，從幼期轉變到成蟲期時，需要經過類似蛹的階段，可能是不完全變態向完全變態演化的過渡類型。

完全變態發育的昆蟲一生會經歷卵、幼蟲、蛹、成蟲四個階段，蛹期就是其代表性特徵。在昆蟲學領域，幼蟲一詞很多時候是特指完全變態發育的昆蟲幼期，與成蟲有著極大的差異。

昆蟲的一生

昆蟲從卵中孵化，從幼蟲不斷成長，再到成蟲產下後代，個體的迴圈過程稱為世代，而群體形成的迴圈稱為生活史。生命的意義在於繁殖，就是把基因傳遞下去；即便是吃飯這件事，說到底也是為了繁殖。但牠們需要權衡是投入更多精力用於吃飯，還是投入更多精力用於繁殖。其中最奇妙的是完全變態的昆蟲，牠們也是昆蟲家族中數量占優的類群。昆蟲的一生只能選擇一種側重的方向，如果活兩次會如何呢？

完全變態發育的昆蟲，卵期和蛹期都不食、不動，幼蟲階段負責吃，大量進食為後續蟲態提供營養基礎；成蟲階段負責生產，許多成蟲甚至放棄取食能力，完全變成「生育機器」。對不了解的人來說，絕對無法把同一種完全變態昆蟲的幼蟲和成蟲聯繫在一起，牠們的差異大到說是兩種完全不同的生物都是合理的。因此從某種層面上說，卵孵化為幼蟲，蛹羽化為成蟲，這兩個階段何嘗不是昆蟲的兩輩子呢？除了分工外，兩種完全不同的生活方式，還避免對食物和領地的競爭。看吧，為了生存，昆蟲竟然都演化出「轉生」的能力。

第五章

模仿

巧用昆蟲智慧

蜂巢
神奇的六邊形

甜蜜蜜的雲南

雲南物產豐富，許多蜜蜂喜歡在這裡安家，當地能品嘗到多種蜜蜂的蜜。

東方蜜蜂：西雙版納的村莊裡，蜜蜂巢幾乎是每家必備，藏在磚牆裡，藏在柴火堆中，掛在橫梁上等。當地人有時還會主動引蜂回家築巢，這樣就能替自家孩子提供穩定的蜂蜜源。小孩子特別調皮，時不時會拿棍子去捅蜂巢，年齡大的甚至會掰下來一塊，大快朵頤地品嘗。

巨型蜜蜂：巨型蜜蜂的蜂巢通常是一片半圓形掛在樹上，一些上百年的大榕樹上，幾乎每根枝條都會掛上蜂巢，一片一片非常壯觀。蜂巢外滿滿地包著一群工蜂守護，有其他動物靠近，牠們會有規律地抬起身體，形成波浪狀，同時發出巨大的嗡嗡聲來嚇唬敵人。巨型蜜蜂的蜂蜜很難獲取，需要穿上專業的防蜂服，只有最勇敢的人才敢去挑戰。

小蜜蜂：相比之下，小蜜蜂的蜂巢更小，處在低矮的灌木上，螫人也不疼，只要用煙一熏，保護在蜂巢外面的工蜂就跑開了，這時就可以準備享受美味。吃的時候咬一塊蜂巢放進嘴裡嚼，邊嚼邊吸蜂蜜，吃完後將蜂巢吐掉，像吃甘蔗一樣。小蜜蜂的蜜非常甜，但在蜂巢的加持下多了一些獨特口感，而且還不會膩。

無刺蜂：這種蜜蜂沒有螫針，是對人最友好的蜜蜂，西雙版納的養蜂場裡，我們肆意地撥動著蜂巢，完全不擔心。與其他蜜蜂不同，無刺蜂的蜂巢結構不是傳統的六邊形，而是圓圓的小

各種蜂巢

泡，有的小泡裡是幼蟲，有的儲存著蜂蜜。無刺蜂的蜂蜜很獨特，是酸味的，但那種酸味又很巧妙地綜合蜂蜜的甜，整體是一種很和諧的味道。

蜂巢的複雜性

蜜蜂巢不是圓形，圓形或蓮蓬形的通常是虎頭蜂的蜂巢，一些影視作品中的蜜蜂巢是仿照蜂蜜棒的形狀，很容易造成誤解；而且真正的蜜蜂巢通常不會裸露在環境中，而是藏在樹洞、岩洞等隱蔽的地方。蜜蜂巢的結構是一片一片，每一片稱為一脾，許多脾組合形成一個蜂巢。蜂巢通常是倒掛著，每一脾自上而下又有更細緻的分區，分別是儲蜜區、花粉區、繁殖區。儲蜜區是釀造和儲存蜂蜜的地方；花粉區儲藏工蜂採集的植物花粉；繁殖區則是蜂巢中最重要的幼蟲的生活區域。這種獨特的分區是蜜蜂智慧的體現。

首先，蜂巢的修建是自上而下，對早期蜂群來說，最主要的任務是儲備食物，此時蜂群會優先修建大量的儲蜜蜂房，當食物儲備量大了之後，蜂群的壯大就是順水推舟的事了。

其次，蜂群壯大到一定程度後會分蜂，老蜂后會帶著一批工蜂出走，此時原巢穴的新蜂后還來不及大量產卵，會出現許多空巢房，而空巢房很容易感染巢蟲（鱗翅目蠟螟幼蟲專吃蜂巢）。蜂脾的繁殖區在下面，分家後的工蜂可以毫無顧慮地將空巢房咬掉捨棄；如果繁殖區在上方，工蜂就會陷入是保護蜂蜜還是驅趕巢蟲的兩難境地。

最後，蜂群中幼蟲是最重要的部分，被保護在蜂脾底下，其他想取食幼蟲的動物，只能透過飛行的方式，但繁殖區表面覆蓋大量工蜂，可以發揮很強的保護作用。其他透過爬樹來靠近蜂巢的動物，往往只能吃到蜂蜜，而蜂蜜是蜂巢中最不珍貴的部分，可以快速補充。

六邊形傳說

如果說蜂脾的分區是蜜蜂智慧的體現，每一個蜂房的正六邊形結構則是蜜蜂無意之中形成的「天才設計」。為什麼這麼說呢？因為正六邊形的結構擁有很多神奇的特性。

第一，有效面積最大。首先，為了節約蜂巢空間，蜂房與蜂房之間一定得緊密貼著，不能留有空隙，這種情況下，能拼合的形狀只有三角形、正方形和正六邊形三種；然後，每一個蜂巢都需要保證一定的圓形空間，用於幼蟲生長。綜合來說，一定的情況下，在三角形、正方形和正六邊形蜂房中，正六邊形是圓形空間有效面積最大的方案。

第二，最節省材料。同樣，三種方案中，正六邊形蜂房周長最短，也就是說修建時消耗的材料最少。與此同時，有人認為由於蜂巢緊密相接，建第一個蜂房需要六邊，建第二個只需要修建五邊就夠了。

第三，最牢固。正六邊形結構擁有極佳的穩固性，無論受到來自哪一個方向的力，都不容易發生錯位或變形。

工蜂如何修建出正六邊形蜂巢呢？這種正六邊的形狀是工蜂有意為之，還是冥冥之中的必然結果呢？其實工蜂沒有那麼講究，對牠們來說，自己就能生產修建蜂巢的蜂蠟，不需要節約；而且牠們沒有太多想法，最開始修建的蜂房都是圓形，這是最簡單的形狀。所以蜂巢一開始是很多圓形的堆積。但由於工蜂體溫高，大量工蜂的活動會使蜂房溫度隨之升高，而蜂蠟則因高溫融化變軟，原來的圓形蜂巢不斷擴大並相互擠壓，自然形成正六邊形結構。這個過程類似吹泡泡，一個泡泡是圓形，但當很多圓形泡泡擠壓在一起，就很容易形成正六邊形。所以蜂巢結構不是工蜂的傑作，而是物理學的必然結果。

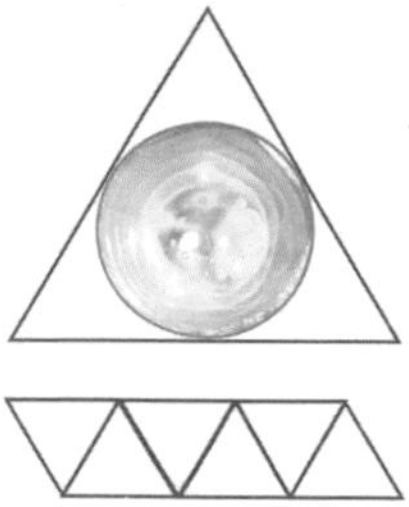

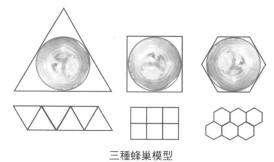

三種蜂巢模型

蜜蜂巢的六邊形巢室

一九一〇年，挪威數學家阿克塞爾・圖厄（Axel Thue）證明六角密堆積是平面上最有效的堆積方式，這解釋了蜂巢形成正六邊形的必然性。當然，蜂巢不一定都是六邊形，例如無刺蜂的蜂房，由於沒有緊密連接，還保持著圓形；而在蜂巢的一些折角地方，蜂房也會有五邊、七邊的形狀，說明蜂巢形狀是擴散擠壓而成。

圓是自然界最常見的形狀之一，生物的生長通常都是從中間擴散的圓，而圓的最密堆積就是六角密堆積，實際上自然界中有許多類似的正六邊形結構，例如龜背芋的果實、昆蟲複眼、火山柱狀玄武岩等。

蜂巢結構的運用

很可惜，蜜蜂不像傳說的那麼聰明，能主動建造六邊形蜂巢，但六角堆積模式在自然界這麼普遍，說明確

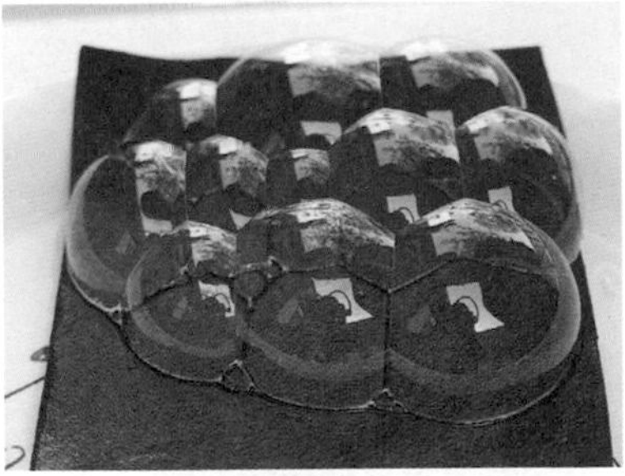

泡泡堆積

昆蟲複眼

自然界中的正六邊形

實是非常優秀的結構模式。做為平面的最佳堆積結構，六角密堆積確實有著有效面積最大、最節省材料和最牢固的優點，而且帶來的視覺效果最好，因此這種結構常被用在材料學、建築學等領域，也被貼切地稱為蜂巢結構。

蜂窩孔散熱

電子設備運行過程的發熱會影響設備運行速度和壽命，因此散熱尤為重要。蜂巢形狀的散熱孔，保持設備外殼強度的同時，保證散熱面積的最大化。

蜂窩夾層材料

蜂窩紙板運用蜂窩排列的六面柱狀體做為夾芯，再覆蓋兩層紙做為板面，給原本的紙板提供

散熱器

蜂窩紙板

更高的強度；與此同時，空心的夾芯節省大量材料，同時具備重量輕、不易變形等特點。如果將材質更換為金屬，強度會顯著提高，而重量卻會大幅增加。蜂窩板兼顧輕便和強度高的優點，在大型設備上有極好的應用前景，更是太空梭、衛星等的理想材料。

蜂巢折疊材料

列印的折紙材料透過特殊設計結構和工藝，可以自發地折疊成一個蜂巢結構。折疊後的蜂巢具有重量輕、隔熱、減震等特性，在保護果蔬和電子設備上具有很好的應用前景，甚至有可能在外科醫學上發揮作用，做為體內骨架為內臟、肌肉等提供支撐。

蜂巢輪胎

美國發明家發明一款不需要充氣的蜂巢輪胎，蜂巢結構可以發揮與傳統氣胎相似的減震作用，同時沒有充氣需求，使輪胎的運用更加方便，使用壽命更長。這種輪胎在共享腳踏車上得到廣泛運用。同時，不需要充氣意味著不存在漏氣、爆胎的問題，因此蜂巢輪胎的運用能替車輛行駛帶來更高的安全性，特別是在軍事領域，這種仿生輪胎極為堅固，能滿足軍事要求，同時不會有後顧之憂。

蜂巢建築

設計師們大膽地將蜂巢結構運用在建築上，相比傳統的棟梁結構，蜂巢結構有著獨特的承重方式。既可以做為支撐，也可以做為外觀牆面，還非常節省材料，是一種很獨特的建築方式。蜂巢結構在一些更大、更高的建築中得到運用，例如丹麥的 Roskilde 穹頂、墨西哥索馬亞博物館、中國水立方等。當然，有時候蜂巢結構只是提供一個獨特的外觀視角。

或許蜜蜂不是最聰明的動物，也不懂得天才設計，但蜜蜂身上確實有很多祕密值得我們去探究與學習。

㈠**超強的記憶和導航能力**。一隻體長不到兩公分的蜜蜂可以飛行數公里採蜜並準確回巢。

Roskilde 蜂巢建築

㈡**超強的免疫能力**。蜜蜂生活在高溫、高溼、高密度的蜂巢中，卻很少發生大規模疾病。

㈢**適應高密度生活**。蜂巢內的蜜蜂活動空間很小，相當於二十四平方公尺的空間住十五個成年人，蜜蜂卻可以避免高密度生活帶來的衛生問題和社會問題。

㈣**發達的社會分工和有效的通訊**。整個蜂群完全由蜂后控制，但每一隻工蜂都清楚自己的任務，蜂群能井井有條地運行。我們只知道蜂后會透過費洛蒙來控制蜂群，但具體如何控制，是單線聯繫還是網狀溝通，還有待研究。

㈤**蜜蜂是目前唯一一種掌握人工授精技術的昆蟲**，科學家可以精確地控制蜜蜂的品種改良，這種技術的研發和推廣對整個昆蟲學研究來說都意義非凡。

蜜蜂帶給人類的絕不只甜蜜的蜂蜜和巧奪天工的蜂巢，就像蜜蜂不辭辛苦地在花叢中採擷花蜜一樣，我們對科學的探究也需要不斷前行。

切葉蟻
強大的物流

大自然的搬運工

我是最早一批走入亞馬遜雨林最深處的中國科學家，第一次進入這片狂野叢林時，這裡的一切都令我感到驚喜，其中最吸引我的場景，至今記憶猶新。叢林底部安靜又充滿危機，但在錯綜複雜的枝幹之間，我看到一道綠色灣流，那是一大群切葉蟻高舉著樹葉在雨林中忙碌奔波的景象，能用來形容的唯有「震撼」二字。巨大的螞蟻巢穴就處在叢林深處，牠們的地下巢穴可以達到十公尺以上，無數洞口開在地面，而一道又一道的綠色灣流就匯聚到巢穴之中。切葉蟻的蟻巢中生活著動輒百萬級的個體，但牠們卻形成緊密聯繫的超社會群體，一切活動井然有序。琳琅滿目的亞馬遜雨林中，我花了三天時間觀察一個巨大的切葉蟻巢穴。牠們的工蟻形成獨特的分工，有切葉的、運葉的、保衛的、生孩子的，甚至還有打掃衛生和分泌抗生素的。切葉蟻的工蟻非常有趣，會在巢穴周圍一千公尺的範圍內活動，收集植物的葉子、花朵等，但這些材料帶回巢穴不是直接食用，而是做為巢穴裡菌類的營養，就像種田一樣把真菌種出來做為自己的美食。

切葉蟻的工蟻中，大型蟻最引人注目，牠是體型最大的工蟻，奇怪的是只在晚上才出來活動，守衛在蟻道周圍，有時空閒的大型蟻還會親自叼著葉子回巢。但一旦被高亮的頭燈照到，牠們就會快速返回巢穴。這種有趣的現象讓我產生疑問，為什麼大型蟻白天休息，晚上才出來？為什麼燈光照射後會快速回巢呢？多日的觀察中，我慢慢形成一個假說：夜晚是螞蟻天敵的活躍時段，大型蟻需要離巢更遠來保衛運送葉子的夥伴，而牠們依靠光節律來調節自己的行為，燈光會讓牠們誤認為是白天，於是返回巢穴休息。很明顯，螞蟻家族的個體智商不高，但透過費洛蒙的調控和自身的節律，維持著百萬級群體的有序運轉，我覺得這一定是世界上最優良的指揮系統。此外，切葉蟻為了保證葉片的新鮮度，會用最快捷的方式將葉片運送回真菌廠房，打造最高效的物流系統；切葉蟻種植蘑菇的歷史比人類早了幾千萬年，創造最古老的農業系統。這種生活在亞馬遜雨林深處的螞蟻，有著許多值得人類學習的本領。

勤勞的農民

切葉蟻的名字源自切葉子的習性，用大顎把葉片切咬成適合搬動的大小，並將葉片搬回巢穴用於種植真菌，而真菌長出的菌絲就成為切葉蟻幼蟲食物的穩定來源。切葉蟻族與蜜蜂同屬於膜翅目昆蟲，是完全變態發育昆蟲，都有複雜的社會結構。切葉蟻的成蟲就是常見的螞蟻形態，而牠們幼蟲的生長則完全需要族群中的工蟻照顧。但切葉蟻沒有類似蜜蜂的產蜜能力，為了提供持久可靠又易獲得的食物給幼蟲，工蟻們需要在雨林裡的各個角落忙碌地收集食物。這種特點對於絕大多數社會性螞蟻來說都一樣，有的螞蟻吃肉，出門捕獵昆蟲甚至小型動物；有的螞蟻吃素，認真地收穫植物的果實、種子。而切葉蟻最為獨特，漫長的進化歷程中，牠

蘑菇菌絲

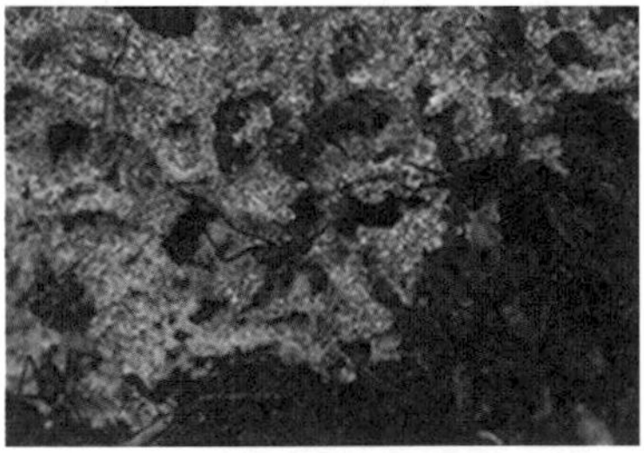
切葉蟻巢的真菌菌絲

們與真菌和諧共處，形成有趣的互利共生關係。與切葉蟻共生的真菌都屬於蘑菇科，我們平時食用的部分是蘑菇的子實體，其實是蘑菇的繁殖結構，而蘑菇真正的本體是遍布在生長基質中的菌絲。而切葉蟻巢穴中的蘑菇，在工蟻的培養下，不再花費精力生長子實體，而是專注於生產菌絲，這些菌絲可以做為切葉蟻幼蟲穩定而富含營養的食物來源。對切葉蟻來說，培養真菌的原料，是雨林中隨處可見的葉片，這是非常划算的合作關係：切葉蟻採集葉子培養真菌，真菌提供菌絲餵養幼蟲，幼蟲成長、蟻群壯大，

切葉蟻迷你蟻管理菌圃

切葉蟻中型蟻搬葉子，小型蟻保衛葉子

切葉蟻大型蟻

採集更多樹葉，真菌菌落擴大供養更多幼蟲，切葉蟻與真菌形成互惠互利的同步成長關係。

切葉子，餵真菌，聽起來是非常簡單的流程，但實際上「種蘑菇」這件事上有著非常多講究，從某種程度上來說，切葉蟻是唯一一類步入「農耕文明」的昆蟲類群。切葉蟻蟻群主要由蟻后與工蟻組成，蟻后只負責產卵繁殖後代，工蟻負責蟻群中的一切事務。與蜜蜂的工蜂依靠年齡來分工不同，切葉蟻的工蟻為了適應不同工作內容，形態也產生分化，大致上可以根據體型分為大型蟻、中型蟻、小型蟻和迷你蟻四種類型。而工蟻除了體型差異外，大顎也產生區別。

螞蟻的農場管理由不同工蟻協同合作完成：

- **迷你蟻：**體型最小的工蟻主要負責照顧巢穴內的蟻卵和幼蟲，同時負責真菌農場的管理和養護，是蟻群中非常重要的管家和園丁角色。
- **小型蟻：**體型略大一些，是蟻群數量最多的成員，主要負責運輸隊伍的防禦前線，是抵禦外部敵人的中堅軍事團隊。
- **中型蟻：**主力的收集蟻，主要負責切割葉片並運回巢中，是最為勤勞的搬運工。
- **大型蟻：**最大的工蟻，承擔著兵蟻的角色，主要任務是保衛巢穴，清理運輸通道上的障礙物。

切葉蟻從葉子採集到運輸回巢到培養真菌的過程，需要所有工蟻類型都參與進來。首先，中型蟻會離巢去尋找真菌喜愛的葉子，探索的同時也留下氣味路徑，等找到並攜帶樹葉回巢，其他工蟻便可以沿著該路徑快速找到採集點。隨著大量工蟻開始工作，工蟻們在蟻巢和植物之間快速地規劃出一條「高速公路」：大型蟻負責將道路上的石頭、雜物等清理乾淨，中型蟻則開始埋頭苦幹切葉回巢，而小型蟻會搭乘在搬運的樹葉上，一方面檢查樹葉是否有病蟲害，另一方面負責抵禦靠近運輸團隊的天敵。葉片抵達巢穴後，迷你蟻會將葉子再切碎、磨成葉漿，並在上面接種菌絲，真菌就可以在葉漿上快速地擴散與生長。

蘑菇保衛戰

種蘑菇很容易嗎？切葉蟻為了它可是投入數百萬勞動力，還有專職園丁負責管理。熱帶雨林中，高溼、高熱的環境很利於蟻巢中的真菌生長，這是好事，也是壞事，因為不能吃的真菌也會同時生長。這些雜菌會搶奪有限資源，而它們的菌絲無法替切葉蟻提供營養，甚至可能有毒。所以對切葉蟻來說，保衛真菌是非常重要的工作。迷你蟻的表皮上有另一種共生的鏈黴菌，牠們將鏈黴菌產生的抗生素塗抹在葉漿上，可以有效抑制普通真菌生長。除了抗生素，衛生管理也是非常重要的一環。碩大的蟻巢每天會產生大量食物殘渣和排泄物等垃圾，切葉蟻則會用另一種獨特方式來處理。蟻巢中的真菌廠房一旦廢棄，就會被「改造」成垃圾處理廠，其中又會生長著另一種黴菌，它們會汙染食物和螞蟻，卻能有效地分解大量垃圾。而切葉蟻則會派出年老的工蟻負責垃圾處理，牠們負責垃圾的分類和整理，直到死亡。

對切葉蟻來說，真菌是蟻巢發展的基礎，因此切葉蟻最主要的工作就是把蘑菇種好，其中包括播種、施肥、養護、打藥、採摘、擴繁等環節，像極了現代化農場。但有時把真菌照顧得太好也不行，一旦真菌菌絲過度生長，可能會消耗蟻巢的氧氣，導致幼蟲窒息而死。所以切葉蟻總是在種好和種不好之間徘徊，一旦操作不當，長了雜菌或菌絲瘋長，輕則封閉廠房，重則舉家逃亡。

誰馴化了誰？

不同切葉蟻會培養不同真菌做為食物來源，不再需要和危險動物搏鬥，只需要採集葉子就能夠維持種群繁衍。我們很容易認為螞蟻是聰明的，牠們「馴化」了真菌，讓生活更加安逸，但僅限於此嗎？實際上蘑菇也得到好處，它們不再需要去尋找食物，也不需要產生孢子來繁殖，切葉蟻會幫它們實現這兩個願望。切葉蟻又是什麼時候學會種蘑菇這項技能呢？實際上螞蟻與真菌的這種關係很難有完整的化石紀錄，只能透過現代分子生物學的手段來進行推斷：最開始是螞蟻發現蟻巢中生長的真菌可以做為食物，於是預留出巢室專門讓真菌生長，並把多餘的食物提供給真菌；之後螞蟻在蟻巢中生長的多種真菌中進行挑選，牠們選擇最好飼養、生長又快的種類進行專門種植，並把其他的菌類清除出去；最後在切葉蟻和真菌的不斷磨合過程中，形成一對一的專性互利共生關係。不是誰馴化了誰，這兩種生物在漫長的進化歷程中已經高度綁定，無論失去哪一個，另一方都無法正常生存。

螞蟻的智慧

三千年前的人類就開始觀察螞蟻且從螞蟻身上總結經驗，知道「千里之堤，潰於蟻穴」的威力，但螞蟻在地球上生存的時間遠多於人類，牠們許多生存本事確實很值得我們學習。

以菌治菌

相比起植物種植，真菌種植困難許多，雜菌的孢子幾乎無處不在，螞蟻沒有辦法完全避免雜菌汙染。而牠們巧妙地利用另一種真菌的抗生素，針對性地抑制雜菌的生長；同時牠們有著高效的管理制度，能夠快速滅除新長的雜菌，以此實現真菌苗圃的健康。

垃圾分類與處理

雖然蟻巢中的垃圾基本都是有機質，但螞蟻還是會進行有效分類，將食物殘渣、排泄物和螞蟻屍體分開處理，避免產生有害細菌。而螞蟻運用真菌處理垃圾的方式非常高效且環保，透過對這些真菌的研究有助於找到處理垃圾的新方式。

順暢的交通

切葉蟻運輸葉子的蟻道上，大量工蟻同時進行雙向運動，有的還攜帶「大型貨物」，但牠們行進中的速度幾乎等速，而且無論遇上大拐彎還是垂直落差都不會發生「堵車」。面對障礙物時，蟻群會快速地規劃路線並與所有螞蟻共用，而這種規則正被程式設計演算法學習。未來的自動駕駛汽車上，將會搭載這種高效的交通規劃系統，也許堵車的難題會被螞蟻解決。

高效的物流

切葉蟻在食物和巢穴之間形成的最短路線，為葉片運輸提供保障。切葉蟻們搬運著葉片，從各個不同地方匯聚到蟻巢，從宏觀視角來看，彷彿是一張不斷向內收縮的綠網。如果把這個過程反過來看呢？物品從中心向不同地方運輸，這正是人類現在的物流系統。從一個地方向多個地方的貨物派送，時效和路線的優化是非常重要的考量內容。隨著資訊時代和大數據時代的到來，物流不再局限於一對一，而是要形成一個物流網。這個網路好比蟻群的費洛蒙。資訊的傳遞不再是一對一，而是在統一的網路裡進行調配，所有成員幾乎能同時收到，這樣可以從更高維度更好地保障物流效率。

切葉蟻身上還有很多未解之謎，例如切葉蟻如何輕鬆舉起數倍甚至十幾倍於自己重量的葉片？又是怎麼修整巢穴的深度使之剛好適合真菌生長？而切葉蟻只是螞蟻家族中的小類群。螞蟻是地球上數量最多的一種動物，也是自然界最厲害的一種群體動物。螞蟻雖小，卻有著無盡的科學奧祕，值得我們一生學習。

切葉蟻物流

白蟻

冬暖夏涼的大廈

白蟻王國

非洲是充滿野性的地方，每年有數百萬生物上演著從塞倫蓋提公園到馬賽馬拉國家保護區的動物大遷徙，是許多動物學家夢寐以求的地方。但非洲帶給我的震撼遠不只大型動物，這裡的昆蟲也在漫長的歲月更迭中選擇自己的野性生存方式。非洲草原上，常有密集的土堆矗立，這些是白蟻的巢，稱為蟻塚。主要由黏土構成，常可高達三～四公尺，車停在底下都顯得渺小。而這些蟻塚猶如一座座石碑，昭示著這裡是屬於白蟻的王國。非洲有些地區的蟻塚極多，吃白蟻的動物也很多。

非洲夜探是驚心動魄的經歷，雖然我們在車中，但周圍一望無際的草原，以及不知道藏匿在哪裡的獅子，都讓人無法安心。而蟻塚在夜光下顯得更加神祕，更別提還有不知道從哪裡傳來的沙沙聲和時不時閃現的陰影。好奇心終究克服恐懼，我們發現白蟻巢底部有一隻土豚正在享用美味「晚餐」，牠把蟻塚表面的土撥開，再用長長的舌頭去舔食白蟻。非洲的土豚與美洲的食蟻獸隔海相望，但牠們在吃這件事上口味卻驚人地相似。

野外科學考察途中，有時一些普通問題會變得複雜，例如吃喝拉撒，但正是這些普通問題，更讓我們感嘆大自然的奇妙。我們趁著夜色的掩護在蟻塚邊小便，令人意外的是，蟻塚似乎沒有受到多大影響。第二天我們特別攜帶兩桶水，從不同高度、角度、力度探究水對蟻塚的影響，結果發現不僅沒有被破壞，還快速地把水吸收了，避免底部的白蟻被淹死，說明白蟻的巢不是簡單地把土堆起來。一方面，它擁有很強的韌性；另一方面，它一定有地下排水系統。在非洲，每年會有數個月的雨季，白蟻蟻塚能扛得住狂野的非洲雨水沖刷，應付我們這點水自然不在話下。

白蟻蟻塚

白蟻非蟻

白蟻不是白色的螞蟻，與螞蟻有本質的區別：

㈠白蟻屬於蜚蠊目，螞蟻屬於膜翅目；

㈡白蟻與螞蟻的形態不同，白蟻的觸角是念珠狀，身體比螞蟻肥大一些；

㈢白蟻是不完全變態發育昆蟲，螞蟻是完全變態發育昆蟲；

㈣白蟻的工蟻有雌性和雄性，而螞蟻的工蟻只有雌性；

㈤白蟻蟻群中有蟻王，是蟻后的專屬配偶，會一直陪伴蟻后完成種群交配任務，有時還會協助巢穴事務，而螞蟻的雄蟻只是交配工具。

從本質上講，白蟻是一類特殊蟑螂，可見牠們與螞蟻的關係非常遠，卻演化出相似的外形和習性，特別是都演化成社會性昆蟲。二者有個非常大的區別，就是食物不同。螞蟻

白蟻

螞蟻

白蟻與螞蟻的比較

種類繁多，植食性、肉食性、雜食性都有，而白蟻的食物來源比較單一——最喜歡朽木或木材。牠們具有獨特的植物纖維消化能力：白蟻的體內共生著能專門分解纖維素的原生動物或細菌，這些微生物在牠們的腸道中生活，負責把植物組織分解成白蟻能消化的養分。但這個能力使得白蟻成為木質家具的第一害蟲，也是許多人討厭牠們的原因。但白蟻在自然界中承擔著非常重要的分解職責，除了木材，還會取食落葉、土壤、動物糞便等，簡直就是自然界的清潔工。

白蟻大家庭

白蟻的族群同樣分為負責生殖的蟻王、蟻后和不能生殖的工蟻、兵蟻。

白蟻的工蟻既有雌性和雄性，負責群體中大多數工作，其中最獨特的是餵食。工蟻是蟻群中負責消化纖維素的角色，消化後的食物不僅自己吃，還會用來餵食其他個體，包括兵蟻、幼蟻、蟻后。工蟻餵食的這種行為稱為交哺，這是白蟻重要的營養供給方式，而工蟻交哺的同時，也把共生的原生動物傳遞給其他工蟻，保證每個工蟻都有消化纖維素的能力。白蟻是不完全變態發育昆蟲，從卵中孵化後就有類似於成蟲的習性，在蟻群中甚至能看到未成熟的幼蟻「提前上陣」，開始承擔起一些族群工作。

白蟻的兵蟻是特化的類群，負責專職保護種群的蟻巢和其他個體，許多物種的兵蟻演化出誇張的大頭和用於攻擊的大顎，但為此放棄取食能力，只能依賴工蟻交哺。白蟻的兵蟻也有簡單的分工，有小兵蟻、大兵蟻和象鼻兵蟻等。有的兵蟻負責用大顎撕咬敵人，有的兵蟻負責堵住巢穴洞口，而象鼻兵蟻會分泌二萜類物質來攻擊嚇退敵人。

白蟻的繁殖蟻有雌蟻和雄蟻，分別是蟻后和蟻王。蟻后負責持續不斷地產卵，而蟻王則需要每隔一段時間與蟻后交配，重新賦予精子，因此白蟻巢穴中蟻王會一直存在，有時還會幫忙做點「家事」。白蟻的蟻后是極度特化的「生殖機器」，牠的腹部鼓脹，每天都會持續不斷地產卵，成熟蟻后每天產卵數萬枚；而在工蟻的照顧下，蟻后的壽命是昆蟲中最長的，有紀錄顯示蟻后能存活三十年以上。

冬暖夏涼的大廈

蟻巢是白蟻重要的生存之地和保護場所，是整個白蟻種群的活動中心和繁殖中心，白蟻蟻巢大致分為三類：地下型、樹棲型和出土型。這些蟻巢都有著錯綜複雜的蟻道，而蟻后則隱藏在蟻巢迷宮的深處。大多數白蟻巢是地下型，其中較原始的蟻巢是修建在木製結構中，工蟻一邊取食木材，一邊開闢蟻道和房間，慢慢把倒木、樹樁等變成巢穴。樹棲型蟻巢則位於樹枝分叉處，能遠離多數的天敵。而出土型最為獨特，工蟻利用黏土加上自己的糞便，修築出聳立的地面蟻巢，黏土的黏性和糞便中的殘留纖維素為蟻塚提供強度，蟻塚的高度通常可達三～四公尺，而世界上最高的蟻塚有十二・八公尺。

蟻塚最令科學家震撼的特點是調節系統，首先，蟻塚不是簡單的往上堆出的土堆，白蟻會根據當地光照條件來修建蟻巢，磁白蟻的蟻巢是扁平的，平的一面朝東，清晨日出時能最快地吸收陽光升溫；而中午時光照面積又很小，避免蟻塚過熱，這是它們的溫度調節系統。蟻塚上面有無數洞口，有的洞口會有工蟻頻繁出入，有的洞口卻完全閒置，這些其實是蟻塚的通風管道。蟻巢整體是個錐形，底部側面和頂部中心分別有兩組通風洞口，白天地面溫度高，蟻巢中的熱空氣透過側面洞口排出，形成氣壓差後，會有新鮮的冷空氣從頂部洞口補充進來，晚上則反過來，這樣蟻塚就完全依賴太陽能形成通風系統。蟻巢雖然主要位於地面或地下，但它們的蟻道會在地下綿延，形成大量孔隙，加上泥土本身的滲水作用，為蟻巢提供非常有效的排水系統。白蟻巢穴從外表看是簡陋的土堆，但內部結構卻使它成為冬暖夏涼的大廈。

無盡能源

能源是制約人類社會發展的重要因素，直到現在石油依然是非常重要的戰略資源。科學家們一直積極尋找比石油更環保且可再生的乾淨能源，其中一部分人把目光看向白蟻。白蟻的腸道中共生活著約二百種微生物，能夠將吃下的木材和植物進行分解，而分解時產生的氫氣，就是非常好的能源。白蟻非常有望成為生物反應器，根據計算，一隻白蟻可以用一張紙的材料生產兩升氫氣。目前白蟻沒有展示出所有祕密，科學家們還不能確定白蟻消化纖維素產生氫氣的細節，但確實是擁有巨大前景的研究項目。想像一下，也許有一天往汽車裡倒一點木屑，就可以去不同地方旅行了。

白蟻家庭

象鼻兵蟻

製造大型「空調」

白蟻比人聰明嗎？顯然不會。我們能不能造出白蟻大廈，不消耗電力，完全依靠自然環境，實現通風和溫度調節？實際上這種建築已經存在。蟻塚透過頂部洞口和內部垂直的中空管道，利用煙囪效應來推動整個蟻巢中的空氣流通。實際上幾個世紀前，生活在中東的人們就會利用「煙囪」為房間降溫；而近現代的建築中，辛巴威首都哈拉雷的東門中心頂部有非常多「煙囪開口」，這些「煙囪」連通著大樓裡的許多管道，就像白蟻一樣可以實現自動的溫度調節。

澳洲墨爾本市政廳二號透過外牆立面單元的排布，留出非常多通風口，可以在大樓中形成自然對流，從而維持整座大樓的溫度恆定。當我們糾結如何使空調舒適而環保的同時，建築學家們已經在白蟻的啟蒙下，把建築物變成超大型空調了。

辛巴威東門中心

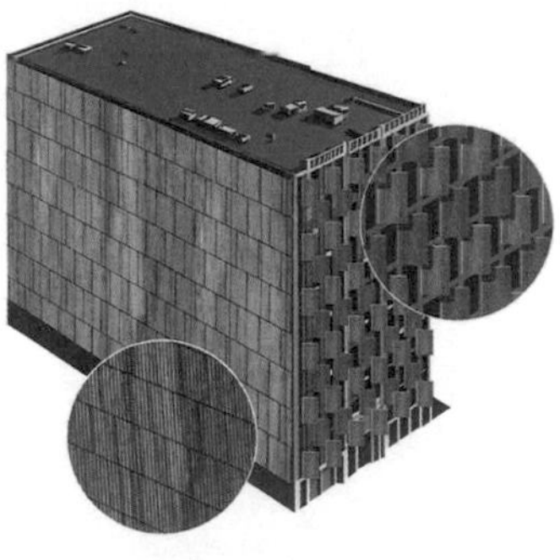

墨爾本市政廳二號

白蟻仿生建築

蝶蛾

欺騙也是一種智慧

蝶蛾的詭計

叢林裡最嚇人的是什麼？是神出鬼沒的毒蟲，還是伺機埋伏的猛獸？其實都不是，最嚇人的是突然發現隱藏在葉子中的雙眼。第一次進入亞馬遜雨林，我就深刻地記住了這種驚嚇。當我專注地在雨林下探尋，突然發現草叢中有一隻碩大的眼睛盯著我，那種注視的目光足以讓一切動物毛骨悚然，好在我與牠早就在博物館裡會過面，我知道這是隱藏在草叢中的一隻貓頭鷹環蝶。這是我第一次見到非標本類的貓頭鷹環蝶。活生生地出現在我面前，精準的模擬讓人十分佩服，也十分疑惑，為什麼亞馬遜雨林中的生物會演化出這樣神奇的形態呢？許多教科書中都認為模仿貓頭鷹可以對其他生物造成恐嚇，但隨著進化生物學的發展，我們發現其中可能還有更複雜的因素，答案或許會很顛覆。眼斑在蝴蝶翅膀中是很常見的斑紋，許多科學研究表明，眼斑可以降低被天敵攻擊的可能性，但貓頭鷹環蝶為何會選擇模擬貓頭鷹呢？實際上，不同生物的視細胞不同，動物眼中的色彩與人看到的世界有很大區別，貓頭鷹環蝶色彩的組合不一定就是類比貓頭鷹，而且牠們不知道貓頭鷹對其他天敵具有威懾力，這種神奇的眼斑或許是進化上的巧合。貓頭鷹為了提高視力而增大眼睛，而蝴蝶為了嚇唬天敵增大眼斑，慢慢地兩者產生相似性，而有大眼斑的蝴蝶更容易生存下來。

貓頭鷹環蝶是獨屬於南美洲的神祕，中國南方則有另一種「人見人怕」的蛇頭蛾。海南國家公園的一次燈誘，我們邂逅了一隻巨大的皇蛾，沒有顯眼的眼斑，但翅膀尖端突出，上面還有似眼睛的黑點和似嘴巴的條紋，整體非常像一條蛇的頭。而且皇蛾體型非常大，是全世界最大的蛾，燈光吸引過來的大蠶蛾，在夜空緩慢飛行像風箏一樣；有一回飛累了，剛好停在我的額頭上，超大的翅膀直接把我的臉都蓋住了。

此外，還有模擬樹葉的枯葉蝶、模擬樹枝的掌舟蛾等。蝴蝶和飛蛾是食物鏈中的弱者，幾乎沒有什麼防禦能力，為了生存不得已使用一些詭計，替自己穿上不一樣的「偽裝」。蝶蛾的這種變化或許是為了威懾天敵，或許是為了隱藏自己，但隨著科學的探究，我們發現有些或許是為了主動吸引天敵，有些甚至是性選擇的結果。科學研究能不斷揭示牠們的祕密，但不妨礙大自然的神奇留給人類無盡的遐想。

蝶蛾的美麗

蝴蝶和飛蛾翅膀上密布鱗片，提供鱗翅目昆蟲多彩的顏色。人眼看到的顏色其實是不同波長光的集合，光的三原色為紅色、藍色和綠色，這三種顏色可以組合出所有的可見光顏色。但細分起來，人眼看到物體的具體顏色又有兩類：色素色和結構色。色素色又稱化學色，由蟲體上的化合物造成，這些物質會吸收部分光波，反射的其他光波形成肉眼看見的顏色。一旦原來的色素分子氧化、溶解，吸收的光波也會變化，宏觀的顏色就發生改變。例如新鮮的菜葉是綠色，但放久會變黃，就是因為葉綠素分子的改變。而昆蟲中的色素色也很常見，如黑色、綠色、黃色等，黑色和黃色是比較穩定的化合物分子，但綠色不穩定，例如蝗蟲活著時，身體呈現綠色，但死後會變成棕黃色。結構色又稱物理色，是光在物體上發生折射、反射、干涉等產生，而且往往在不同角度可以觀看到不一樣的光澤和色彩效果，例如肥皂泡上呈現

貓頭鷹環蝶

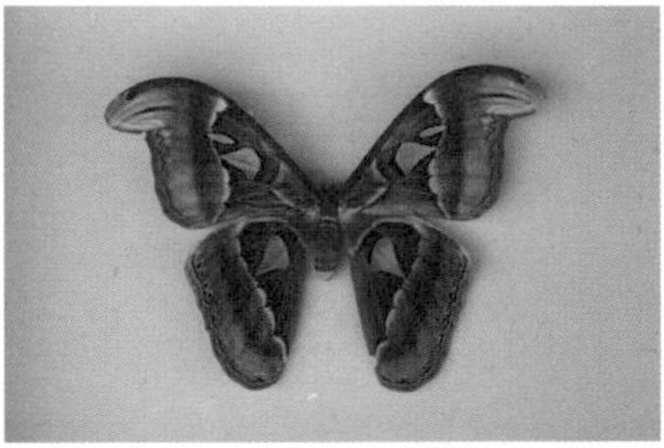

皇蛾

的彩色。而且結構色是一種「全彩色」，擁有高純度色彩，即便是相同綠色，也會呈現出更鮮豔飽滿的效果，一般被稱為金屬光澤。結構色在昆蟲鞘翅目和鱗翅目中更為常見。這種顏色與活性物質無關，是昆蟲體表的微觀結構導致，因此在昆蟲死亡之後顏色也不會發生變化。

蝶蛾對顏色掌控的本領是昆蟲中最為強大的，其他昆蟲一般會有相對統一的色彩，而蝶蛾則可以透過翅膀上數百萬個鱗片，細緻地「裝扮」自己。此外，牠們可以透過扇動翅膀改變角度，讓自己呈現出不一樣的顏色。蝴蝶的各種裝扮中，有兩類最為獨特，一類是將自己隱藏在環境之中的保護色，一類是突出自己同時威懾敵人的警戒色，而這些都是蝶蛾欺騙的智慧。

螽斯的色素色

吉丁蟲的結構色

保護色——戰場隱身

保護色在自然界非常常見，許多生物都會選擇把自己隱藏起來，或者是為了躲避天敵，或者是為了蟄伏出擊，在枝繁葉茂的森林中，不被發現是最有效的生存手段。大自然中，樹葉的綠色、樹幹的棕色、落葉的黃色和夜幕降臨之後的黑色，這四種顏色最為常見，也是昆蟲保護色最常用的顏色。綠色的蝗蟲在草叢中跳躍，棕色的知了在樹上鳴叫，枯葉螳螂在秋天伏擊，漆黑的獨角仙只在夜晚出行……

昆蟲的保護色中，最有名的要屬蘭花螳螂和枯葉蛺蝶。

蘭花螳螂有極為特殊的保護色，平時潛伏在花朵上，等待訪花的蜜蜂、蝴蝶到來，然後將其捕獲。牠們的顏色特化成漂亮的粉白色，身體多處扁平，以更好地模擬花瓣。

枯葉蛺蝶的翅膀帶有獨特弧度，前後翅合起來就像是枯黃的樹葉；還模擬出葉脈和葉柄，甚至模擬了落葉的黴點，簡直是極致的偽裝。

鳥類是蝶蛾重要的天敵，而蝶蛾中有許多出現模擬鳥糞的保護色。其中刺啞鈴帶鉤蛾的擬態最為神奇，不僅模擬鳥糞，甚至模擬兩隻被糞便吸引而來的蒼蠅，這種奇妙到不可思議的模仿，讓人感慨生物演化的無所不能。

保護色是大多數昆蟲選擇的生存策略，而一些動物也有類似的方式，例如躲在葉子中的竹葉青，或是非洲獅。而這種「隱身」策略，在人類戰場上也發揮重要作用。現代軍事作戰服都是棕色、綠色為主的迷彩服，比起單一顏色，迷彩服能在自然環境中更好地隱藏，且可以實現「動態隱身」。同樣，軍事載具上會進行迷彩塗裝，行駛過程也很難被發現。古代的夜行服是保護色的運用，雖然古人不一定知道保護色是什麼，卻清楚黑色是夜晚最好的隱藏色。對現代人類社會來說，隱藏自己不是生存的必備技能，因此保護色的運用局限在特殊領域。

說回枯葉蛺蝶，保護色畢竟是比較被動的防禦手段，假如偽裝被發現，牠還準備第二個手段。枯葉蛺蝶原本合起來的翅膀展開後，裡面是鮮豔的橙色加藍色，一方面，這種突然的色彩刺激往往能讓很多捕食者嚇一跳；另一方面，牠的顏色加上中間的黑斑，頗像一張臉。枯葉蛺蝶透過驚嚇敵人，替自己爭取逃跑時間，而這種鮮豔的顏色就是昆蟲的另一種策略——警戒色。

枯葉蛺蝶

蘭花螳螂

刺啞鈴帶鉤蛾

昆蟲擬態

迷彩服與夜行服

蜜蜂的黃色、黑色交替

枯葉蛺蝶的翅膀背面

警戒色——危險勿近

保護色是昆蟲讓自己藏起來的顏色，警戒色就是迫切希望別人看見的顏色。與綠、棕、黃、黑的保護色不一樣，警戒色通常為更加鮮豔的橙色、紅色，特別是多種顏色的組合和交替，會比單一顏色更加顯眼。例如蜜蜂身上的顏色，雖然是黃色和黑色，但這兩種顏色的交替排布使牠非常顯眼，這種鮮豔的顏色預示牠危險的螯針，警告敵人不要輕易靠近。

蝶蛾做為色彩大師，對警戒色的運用最多。

斑蝶

藍條夜蛾

玉線魔目夜蛾

鹿蛾

鱗翅目的警戒色

㈠**鮮豔的毒瓶**。帝王斑蝶擁有鮮豔的橙色，幼蟲取食的植物乳草具有毒素，但牠們將這種毒素吸收並儲存在體內，把自己變成一個毒瓶。當其他動物吃下牠們，往往會被毒素刺激，下回再看見這種鮮豔的蟲子，就不敢輕易嘗試。

㈡**兩面派**。比起單獨的色彩鮮豔，枯葉蛺蝶的雙重保護似乎更加有效。豔葉夜蛾也有類似的本領，牠們前翅模擬枯葉，後翅則是鮮豔的橙色。平時會用前翅蓋住後翅，將自己隱藏起來，一旦有危險，就會亮出後翅，利用這種突然的刺激來增加威懾力。

㈢**眼斑**。貓頭鷹環蝶的眼斑是最嚇人的手段，但實際上不需要這麼精準的模仿，隨便兩個同心圓組成類似的眼斑就能發揮相同效果。眼斑在蝶蛾的翅膀中非常常見，美眼蛺蝶、大蠶蛾科等都有，而眼蝶亞科的許多種類則用一長串「眼睛」更好地武裝自己。

㈣**狐假虎威**。警戒色是有效的手段，但毒素不是容易獲得的能力，因此有很多無毒昆蟲透過顏色來模擬有毒昆蟲，這種行為稱為貝氏擬態。鹿蛾替自己「穿上」蜜蜂的衣服，牠們沒有螫針，但這種方式卻能讓一部分捕食者敬而遠之，是一種奇特的警戒色詭計。

相比之下，警戒色在人類社會中的運用非常廣泛，很多習以為常的東西都是警戒色的體現。人類是一種對顏色非常敏感的動物，會透過顏色來辨認食物和風險，而很多東西也被人為地設置成警戒色來警告這個地方可能容易發生危險。

警戒線

警戒線通常選用的就是黑色和黃色的組合，這種和蜜蜂一樣的顏色具有內在「刺激」，人們不需要過多思考就能感受到顏色帶來的警示。黃色是比較柔和的顏色，不會產生過度刺激。因此黃色加黑色的警戒色在生活中非常常見，例如電梯、導盲磚、地樁、減速丘等，都是採用這種色彩組合，而這種色彩組合只是在說：「這個地方可能有危險，需要注意，不要靠得太近。」

救生圈

救生圈做為水上用品，顏色必須是和藍色差異最大的橙色。救生圈關乎人命，需要讓溺水者和救人者都能第一時間看到救生圈的位置。同時，橙色也是刺激度較高的顏色，說明「有很大的危險」。

紅綠燈

紅綠燈是城市中最常見的一組顏色，為什麼非得是紅色呢？因為人類眼中，紅色的刺激度最高，是最能代表危險的顏色。紅色也是最鮮豔、最難以忽視的顏色，紅色的動物一般都代表著劇毒，而將紅色運用在交通訊號中，說明這個地方「極度危險」。

當然，警戒色的運用遠不只這些。顏色能豐富生活，也能訴說故事。生活總是多姿多彩，下一次可以多加留意，無論是自然的角落，還是城市的角落，看看不同的顏色，傳遞著怎樣的情緒和故事。

救生衣

警戒線

紅綠燈

警戒色在生活中的運用

第六章

展望

昆蟲科學的未來

蝴蝶
巧妙的萬分之一

愛美的蝴蝶

亞馬遜雨林是神祕的，這裡的動物會利用茂盛的植物來隱藏自己，特別是白天。但正是在白天，那些長得漂亮的動物會肆無忌憚地炫耀自己，我們甚至不需要特別去尋找，牠們就會出現。牠們有著絢麗的藍色，這是非常典型的結構色，蝶翅上的鱗片在陽光的照射下呈現出非常獨特的色彩，特別是在飛行時，隨著閃蝶翅膀的扇動，呈現出亮－暗－亮－暗的節奏，就像燈塔一般。每次我們看見亮光閃過，就知道閃蝶來了。而閃蝶的飛行路線十分獨特，不像正常蝴蝶一樣有明顯軌道，而是像喝醉酒的司機，在空中飛成S形、C形、O形等各式各樣的弧線。閃蝶這種高調的炫耀很容易引來天敵注意，十分危險，但對閃蝶來說，這樣做是尋找配偶的最佳方式。我們還發現閃蝶特別喜歡在雨後出沒，下雨後叢林中的氣溫很低，許多動物還在寒冷中瑟瑟發抖，而閃蝶卻已經早早地做好熱身，趁著天敵還動不了時，開始求愛的舞蹈。令我們感到奇怪的是，即便是烈日當空的中午，閃蝶也能承受得了高溫的天氣，或許牠們還有著獨特的降溫方式。因此每次亞馬遜之行，閃蝶都是非常重要的觀察目標，不僅是因為美麗的色彩令人著迷，更是每每都能帶給我們全新的思考和發現。

蝶翅結構

蝴蝶的翅膀由三個重要結構組成，分別是翅膜、翅脈和鱗片。翅膜是主要部分，在蝴蝶飛行時提供升力。翅脈是發揮支撐作用的結構，同時也是傳遞體液的結構。翅膜和翅脈是昆蟲翅膀的共同特點，是昆蟲能飛行的關鍵。而鱗片是附著在翅膜上的額外結構，是蝴蝶和飛蛾特有的，也是蝶蛾被列入鱗翅目的原因。蝴蝶的翅膀表面覆蓋有數十萬至百萬的鱗片，這些鱗片像瓦片一樣整齊排列在翅膜上。有的鱗片本身含有色素，而有的鱗片則是依靠微觀結構來呈現出結構色。對蝴蝶來說，鱗片是牠們顏色的關鍵，不同種蝴蝶透過鱗片的排列組合，呈現出獨特的色彩，或用於求偶，或用於隱蔽，或用於恐嚇。但鱗片不是必要的，鱗片的脫落不會影響蝴蝶翅膀的完整性，甚至有的蝴蝶主動放棄鱗片，讓自己變「透明」。但鱗片除了「化妝」以外，還有更多作用。

鱗片替蝴蝶翅膀提供防水性。蝴蝶的鱗片是特化的角質結構，本身是防水的，而許多鱗片密集排列，完全蓋住脆弱的翅膜。同時，由於鱗片非常小，形成的空隙也非常小，當水滴滴在蝴蝶翅膀上，無法浸潤散開，於是水滴在表面張力的作用下會呈現出球形。因此蝴蝶不害怕下雨，適量的雨水甚至會幫牠們帶走翅膀上的灰塵。但大雨的擊打會把翅膀穿破，所以每次大雨來臨之前，牠們會躲在樹葉下面，靜靜地等待雨停。

鱗片還可以轉化太陽能。

蝴蝶是一種昆蟲，屬於廣義上的冷血動物，無法調節體溫，只能完全由環境決定，因此昆蟲的活躍時間受季節影響非常大。但蝴蝶

祕魯的閃蝶

是最善於飛行的昆蟲之一，牠們需要較高的體溫來減少飛行時的熱量消耗，因此蝴蝶陰天很少出來。而蝴蝶翅膀上的鱗片對於牠們的體溫調節發揮至關重要的作用。相比普通的翅膀，鱗片的瓦狀覆蓋大幅增加翅面的表面積，加上許多蝴蝶以深色鱗片為主，增加對陽光的吸收效率。此外，遍布翅膀的翅脈能快速地將鱗片獲得的溫度傳遞到軀幹中，讓全身達到平穩的溫度。因此蝴蝶是每天早上最早出來晒太陽並開始行動的昆蟲之一，也是雨過天青之後能最快替自己升溫並開始行動的昆蟲。

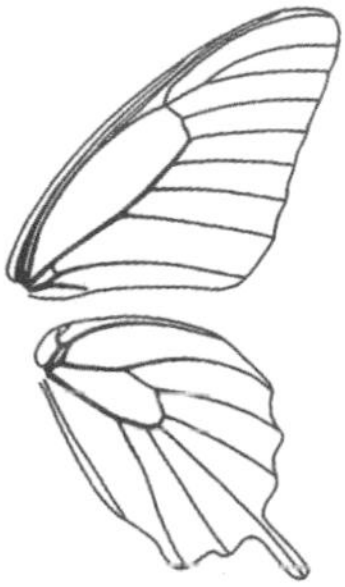

蝴蝶翅脈

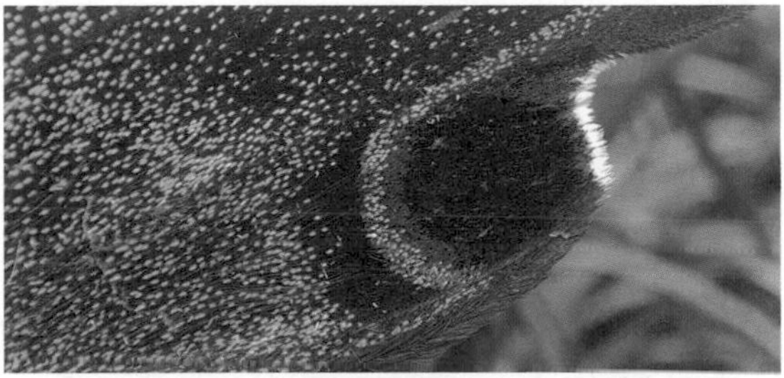

蝴蝶的鱗片

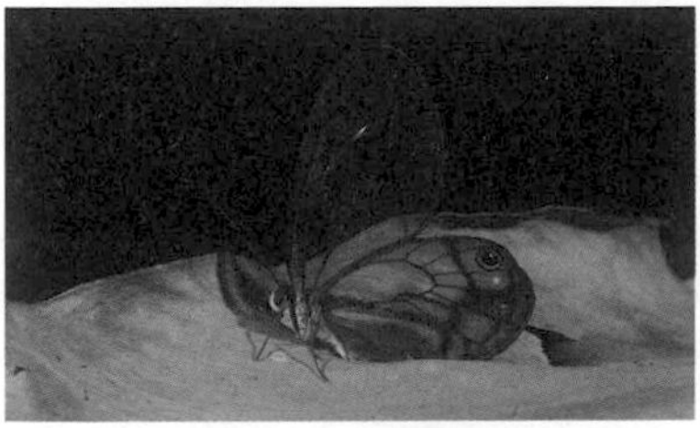

「透明」的絹眼蝶

蝴蝶翅膀的防水性

「捕獲」陽光

太陽能是可再生的環保能源，二十世紀五〇年代，第一個真正的太陽能電池被發明出來，可以將太陽能轉化成電能並儲存在電池中，且用於其他電器。這是一個劃時代的發明，有望解決人類未來發展的能源危機。但目前來說，太陽能電池的轉化效率不盡如人意，即便是實驗階段的電池，效率也只有二〇%左右，不能做為完全的供電手段。提升太陽能電池效果的設想有很多，例如增加電池表面積、減少轉化過程中的能量損失等，但就目前階段而言，最有效的方法是增加電池數量。這個方法在一些商業用地上或許可行，但在一些體積受限的地方，制約因素還是電池板本身的轉化效率。新型材料的研發或許是個突破點，有些科學家則在蝴蝶翅膀上看到希望。

蝴蝶翅膀有很強的光轉化效率，翅膀面積不大，但照射到上面的光線會在繁多的鱗片上發生折射、反射、干涉、散射等多種光學作用，這些作用大大增加鱗片對光的吸收和轉化。此外，蝴蝶還會動態調整翅膀的角度，以使翅膀接受光線的面積最大化。目前為止，蝴蝶翅膀對太陽能電池板的研究啟發包括但不限於：

㈠**縮小光電池單元**。蝶翅不是完整平面，而是有很多鱗片排列，每個鱗片都是一個吸收太陽光的單元。透過縮小光電池單元，能夠在總面積不變的情況下，提升光電轉化效率。

㈡獨立控制。如果每個光單元能實現獨立控制，並在智慧終端機的控制下，即時地調整角度，實現每一個單元最大化的光吸收，帶來的效率提升將非常客觀。

㈢仿蝶翅鍍膜。在太陽能電池板上覆蓋一層仿蝶翅鍍膜來增加光的折射作用，便能增加光線進入電池的機會，也能更好地「捕獲」光線。

㈣實現自清潔。太陽能電池的大規模使用能緩解能源問題，但電池板的清潔度是保證光吸收的重要因素，卻也是重大的維護難點。而仿蝶翅的鍍膜能為電池板提供更好的防水性，既不容易積攢灰塵，還能在遇到下雨天時實現電池清理，大大降低維護難度。

太陽能電池板發明僅十年後，就被運用在人造衛星上。迄今為止，太陽能電池仍是航空飛行器最重要的供電源。但運載火箭受到配重的限制，無法攜帶過多配件，因此保證太陽能電池的轉化效率至關重要，目前我們已經看到了希望。

太陽能電池板

散熱系統與翅脈

蝴蝶的翅脈是另一個調節體溫的重要結構，翅脈遍布翅膀的各個部位，最終匯集到蝴蝶身體中間，但它不是簡單的發散，而是在靠近身體的位置有一個環形翅脈，相當於主脈，主脈再向著翅膀邊緣分散支脈。蝴蝶翅脈的這種分支結構，使得牠們翅膀各部位收集的熱量可以快速傳遞到軀幹中，實現身體的恆溫。這對蝴蝶非常重要，飛行是牠們最重要的逃生本領，需要隨時準備好飛行。不同種類的蝴蝶中，鳳蝶翅膀較大，而且整體以黑色為

翅膀黑色的鳳蝶

翅脈黑色的粉蝶

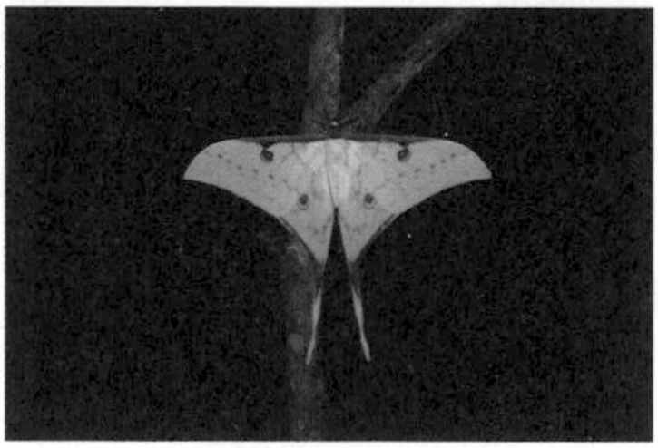

夜間生活的大蠶蛾

蝶翅顏色與習性的關係

主，飛行能力相對較強。而有些蛺蝶以別的顏色為主，但在翅脈兩邊的鱗片卻是黑色的，以此來加快吸收熱量的速度。相比之下，大多數飛蛾都是夜間生活，顏色更多的是其他用途，沒有分布用於吸收光線的黑色鱗片。

蝴蝶翅脈的導熱能力可以對一些精密儀器的冷卻發揮指導作用。電子設備發熱會影響設備運行和壽命，冷卻是非常重要的課題。傳統冷卻使用的是螺旋結構，雖然增加冷卻液的接觸面積，但流動距離過遠，能帶走的熱量十分有限。而根據蝴蝶翅脈做的仿生流道，中間的流道負責吸收熱量，且可以很快地傳遞到兩側主流道，這樣中間流道能一直維持在較低溫度，散熱效果更佳；同時，設備整體的溫度分布更均勻，均溫性更好。這種蝶翅仿生流道的冷卻結構，有望解決精密設備的冷卻難題。

蝴蝶是人類接觸最多的昆蟲，牠們活躍、美麗、靈動，喜歡和研究蝴蝶的人也非常多。但我們對牠們的了解還不全面，數千年的陪伴中，蝴蝶為人類帶來的不只是浪漫故事與文化傳說，還有無盡的科學未來。

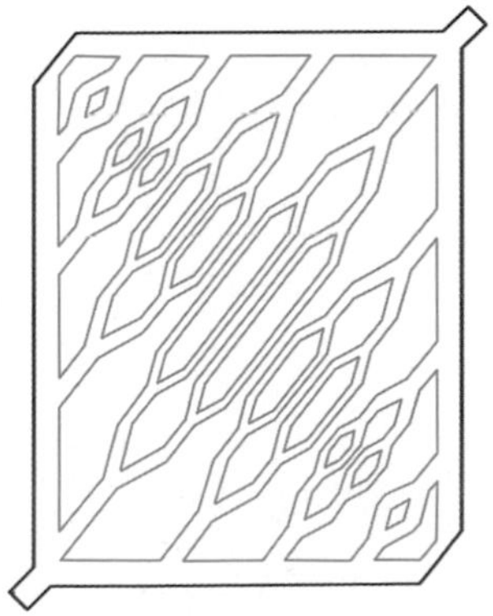

蝶翅仿生流道

蟑螂
無往不利

遺世獨立的蟑螂洞

馬來西亞是全世界著名的燕窩產地，山打根的哥曼洞中，有成千上萬的金絲燕在石壁上築巢，洞穴深不見光，洞壁溼潤光滑，極難有天敵能偷食牠們的蛋。當地人在洞壁邊緣修建棧道，方便定時去採集燕窩，我們對這種獨特的洞穴生態非常感興趣，便在當地人的帶領下前往觀察。沒想到還沒走進洞穴，就有一股濃烈難聞的氨水味從洞口飄了出來，熏得我們直捂鼻子。強忍著味道，沿著棧道在洞中繞行一圈，壁頂的燕窩數量十分驚人，密密麻麻地排布，有些更高的角落裡還有被驚醒的蝙蝠飛舞。洞穴中間是堆積成山不知道已經積累多少年的燕子屎，所有的臭味都是從這裡散發出來。我們努力地貼著牆壁行走，根本不想去看。然而一個調皮的老師往糞便堆裡扔了一塊小石頭，這個糞便堆竟然像活過來一樣在蠕動，我們發現其中有數不盡的蟑螂鑽來鑽去，極其震撼，把我嚇得快神志失常了。這麼一鬧才發現，洞穴壁上也爬著很多蟑螂，牠們在手電筒光下顯得格外油亮，但我們完全沒有心情多做觀察，迅速逃離這個令人心驚膽戰的地方。

這種潮溼昏暗的洞穴不僅給金絲燕提供絕佳的天然庇護所，也是蟑螂最喜歡的環境。由於有燕子的糞便替牠們提供營養，不再需要離開洞穴，千萬年的演變中，慢慢成為與世隔絕的洞穴生物，成為當地特有品種——哥曼洞蟑螂。牠們有著高超的攀爬本領，在溼滑的石壁上如履平地，在複雜的洞穴環境中來去自如。

蟑螂腿的小心機

腿是陸地生物非常重要的器官，所有陸地上的動物或多或少都有「腿」。從最少的開始，沒有腿的蛇和蝸牛，牠們善於在多樣化的環境中爬行，但速度絕對算不上快。兩條腿的人和鳥，一個是哺乳動物的最強者，一個是爬行動物的最強者，可見解放「雙手」非常有效。四條腿的一切動物是自然界最常見的類型，四條腿能提供更好的穩定性和奔跑速度，地球上速度最快的動物就是四條腿的獵豹。六條腿的昆蟲是物種多樣性最高的類群，牠們生活在地球上的各種地方。八條腿的蜘蛛，一百多條腿的地蜈蚣，一千多條腿的馬陸，節肢動物們有著更多腿。

昆蟲是地球上數量最多、種類最多的生物類群，六條腿帶給牠們哪些好處呢？首先，昆蟲腿一般稱為足，為昆蟲提供支撐和行動能力。但六條腿顯然有點多餘，更何況許多昆蟲成蟲後具備飛行能力，腿的步行功能更加不重要了。因此昆蟲六足的最大優勢在於足的分化，最基本類型是步行足，但許多昆蟲會將足進行「改裝」，賦予別的能力，例如蜜蜂的後足特化成攜粉足，具備大量絨毛用於攜帶花粉；螻蛄的前足特化成挖掘足，用於在地底下挖土；螳螂的前足特化成捕捉足，有了更遠的攻擊距離。

但有些保留全部的六條步行足，用於在複雜的地面活動或快速奔跑，蟑螂就是其中一種。與動物的四條腿分布的軀幹邊緣不同，昆蟲的六條腿是從身體中間的胸部往外長出，因此比四足動物更難保持平衡。而六條步行足最大的好處就在於穩定性，昆蟲爬行時，往往是一邊的第一條腿、第三條腿和另一邊的中間腿抬起，其他腿著地，這樣就能保證至少有三條腿著地，且這三條腿形成穩定的三角形。這種三腳架一樣的步態，使得蟑螂可以在任何環境都如履平地。此外，牠們足的末端長有爪，類似於抓鉤的結構，因此蟑螂即便在垂直的牆面甚至是天花板上爬行，也完全不會掉下來。而蟑螂奔跑起來的速度可以達到一．五公尺／

秒，換算成同樣大小，速度是獵豹的兩倍！蟑螂奔跑時的步態和獵豹類似，前面兩條腿先同時著地，然後中間的兩條腿同時著地，再然後是後面的兩條腿。這種類似於蹦蹦跳的方式能夠替蟑螂提供極快的加速度，幫助牠們逃離危險。很多時候蟑螂已經跑出去幾公尺遠，但牠們的大腦還沒來得及想明白為什麼要跑。

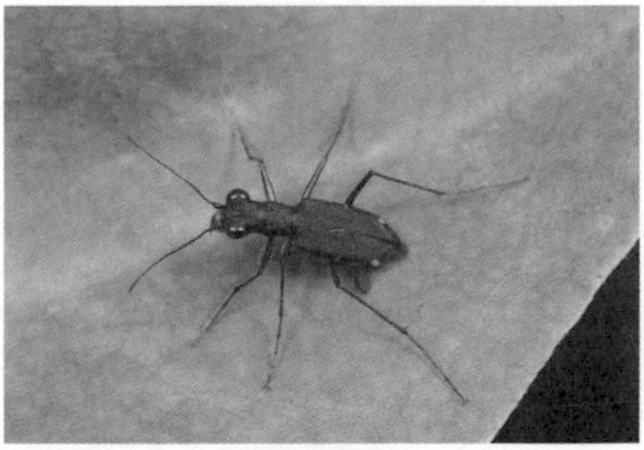
虎甲的步行足

螻蛄的挖掘足

螳螂的捕捉足

蝗蟲的跳躍足

昆蟲足的特化類型

縮骨功大師

昆蟲體表有著幾丁質外骨骼包裹，這層結構為牠們提供軀體的支撐和保護作用，但正是因為外骨骼，牠們無法像蚯蚓、蝸牛那樣隨意改變形狀。但在昆蟲之中，蟑螂的變形能力最強。蟑螂的原生環境是草底、落葉堆、碎石堆這樣的環境，活動空間有限，因此牠們已經演化成較為扁平的形狀。但蟑螂還有將自己進一步壓扁的本領：實驗顯示，蟑螂原本的高度約為十二公釐，但牠們要通過一個縫隙時，可以將自己壓縮到只有四公釐高。此時的蟑螂身體被擠扁，腿也不得已伸得更遠，但蟑螂的厲害就在於牠們可以在這種「縮骨」的狀態下通過一段管道。正是借助這種本領，家中的蟑螂可以躲在一切縫隙之中，防不勝防。甚至踩蟑螂時，牠們也不一定會被踩死。而科學家們正是看重這種特性，設計一種不會被踩扁的機器人，這種機器人與蟑螂體形相似，由多層不同材料製作而成，在電流的作用下會快速地彎曲和伸直，以蹦蹦跳的方式行進，與蟑螂如出一轍。最關鍵的是它擁有極

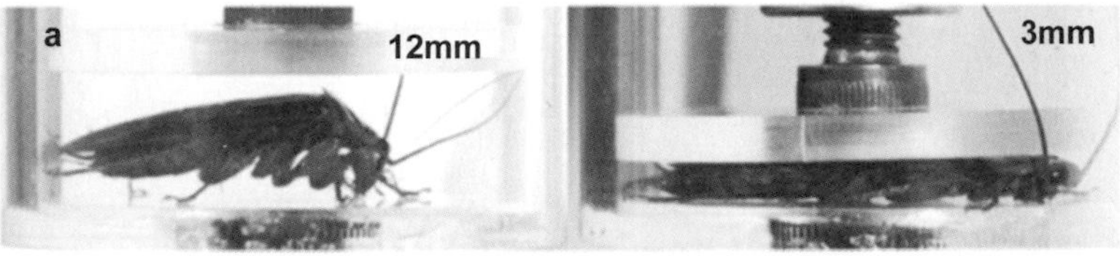

蟑螂壓縮實驗*

強的承重能力，扁平的結構使得它能承受一百萬倍於自身體重的重量而不會受損。這種特性使得它能適應一些極端環境的探索任務，例如在地震廢墟中開展搜救工作。

六足機器人

機器人是未來科技發展的主流，能在很多人類難以抵達的地方進行作業，其中最重要的兩個領域分別是廢墟搜救和外太空探索。目前廢墟搜救的主流手段仍是人力，輔以相關的探索設備和搜救犬，但人力的搜救效率有限，而搜救犬的培養難度較高，因此各國都在推動搜救機器人的研發。而在外太空探索領域，機器人無疑是最好的選擇，它們抵達人類尚未涉足的地方，是宇宙的開拓者。至今為止，主要服役的機器人還是傳統的輪式機器人或履帶機器人，它們在相對平坦的地面上運行很順暢，但在崎嶇地形的移動效率則大幅降低，有時甚至無法行進。特別是在廢墟堆中，兩者完全無法發揮作用。

---

* Kaushik Jayaram and Robert J Full. Cockroaches traverse crevices, crawl rapidly in confined spaces, and inspire a soft, legged robot. PNAS(2016).https://doi.org/10.1073/pnas.1514591113

科學家們將目光瞄向最擅長在複雜地形移動的蟑螂，日本研究員將電子設備「背包」安裝在蟑螂身上，培養一批蟑螂器械兵。研究人員透過「背包」發出的訊號控制蟑螂行動，同時收集資料。這些蟑螂兵不會被器械影響，隨著器械的小型化，成群的蟑螂可以快速地在廢墟的各種縫隙中穿行，或許蟑螂會成為未來搜救工作的主力軍。

但蟑螂畢竟是生物，如果能做一隻完全機械化的「蟑螂」呢？這就是步行機器人！其實步行機器人已經有很多研發投入，它們能在複雜的環境中移動，具有非常好的應用前景。其中又以六足機器人尤為引人注目。在廢墟的爬行中，模仿動物的四足機器人不夠穩定，容易翻倒，而六足機器人則體現了它的優勢：每邁出一步都能有至少三條腿用於支撐，形成穩定的三角形。雖然控制上複雜了一點，但多了兩條腿的容錯率，也多了更多行進方向，或許這是昆蟲們選擇六條腿的原因之一。

實際上，對昆蟲來說，如果牠們行動時，每次兩條腿交替落地

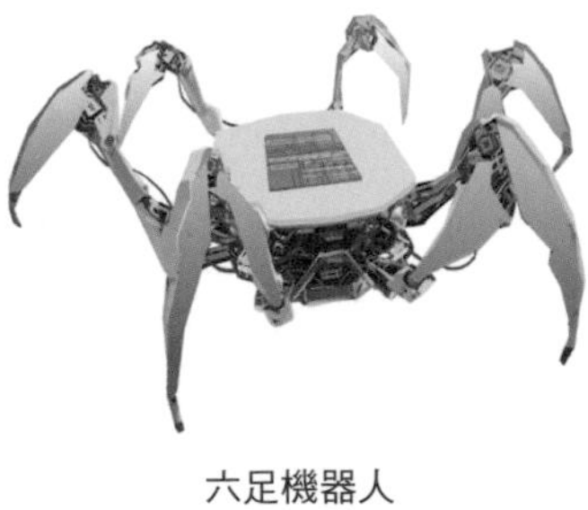

六足機器人

半機械蟑螂*

能實現速度的最大化，但絕大多數昆蟲都是用三腳架步態，寧願犧牲速度也要保證行動的穩定性。

六足機器人現在是個很熱門的課題，我們非常期待能在未來運用於各個領域。但就目前來說，我們在昆蟲身上學習到的還只是皮毛。昆蟲的每一條腿都可以再細分成五個功能不同的小節，而機器人的腿，我們卻只能有二～三節的控制，且不能實現昆蟲那樣的靈活性。昆蟲在數億年的時間中，早就熟練掌握控制六條腿的方式，甚至蟑螂的腿無須經過大腦，自己就能動起來。總有一天六足機器人會放射它的光芒，希望到時候你能記起來，原本人見人恨的蟑螂也為現代科學貢獻了牠的生存智慧。

---

* Yujiro Kakei, Shumpei Katayama, Shinyoung Lee et al. Integration of body-mounted ultrasoftorganicsolar cellon cyborginsects with ntactmobility.npjFlexibleElectronics(2022). https://www.nature.com/articles/s41528-022-00207-2

蒼蠅

「殘疾」的飛行冠軍

蒼蠅故事

每次在全世界不同地方科學考察，除了能見識到不同自然環境的生物，吃不同地方的美食也是最令人期待的體驗。斯里蘭卡是亞洲遊獵動物的絕佳選擇地，我們乘著越野車在草原上近距離觀察動物，然後在周邊享用道地的當地美食。斯里蘭卡也有美味的咖哩，而且這裡的更加乾淨衛生，但畢竟我們在野外環境中，蚊蠅難以避免。咖哩剛盛上來時，我們就發現落在桌子上的一隻綠頭蠅，憑著對昆蟲的敏銳直覺，判斷出牠是一隻喜愛糞便的麗蠅。考慮到周圍有不少動物，我們堅決不讓這隻綠頭蠅觸碰到食物。第一時間的想法是拍死牠，沒想到一群有著十幾年採集昆蟲經驗的「老專家」，竟然打不著一隻蒼蠅，我們只好一邊吃，一邊盯著牠的行蹤，與牠鬥智鬥勇。後來實在受不了，我回車上拿起捕蟲網，可惜在餐廳裡不好施展，還是讓牠逃之夭夭了。餐後，我們找來一個塑膠瓶，把剩下的食物放進去，製作簡易的蒼蠅陷阱，在人類的智慧面前，再靈活的蒼蠅也只能落入圈套。第二天再來的時候，我們已經做好十足準備，我們知道牠們的其中一對翅膀特化成平衡桿，這是牠們靈活的關鍵。於是我們取出剪刀開始實驗：剪掉一邊的平衡桿後，蒼蠅的飛行變成弧線繞圈，有時還會發生側翻；剪掉兩邊的平衡桿後，蒼蠅雖然能飛起，但完全沒有規律，還特別容易向前翻滾，這時徒手都能直接抓住。沒想到真的就是這麼一個小小的結構，竟然戲耍了我們一行人。

以少勝多

昆蟲是最早稱霸天空的動物，早在三億多年前的石炭紀時期，牠們就長出翅膀獲得飛行能力，也是在這個時期，牠們開始迅速輻射演化，奠定種群基礎，成為物種多樣性最高的一類生物。雖然後來出現翼龍、鳥類、蝙蝠等脊椎動物飛行家，但得益於牠們的數量和飛行能力，昆蟲無論在哪一個時期都占據地球生態圈非常重要的位置。

絕大多數昆蟲羽化成蟲後會有四片翅膀，分別為一對前翅和一對後翅。昆蟲翅膀最主要的功能是飛行，但與其他有翼動物相比，四片翅膀的數量為昆蟲提供更多變化的可能性。

例如甲蟲的前翅特化成鞘翅用於防禦，蟋蟀靠兩片翅膀的摩擦來鳴叫等。而昆蟲的一些類群中，牠們似乎覺得四片翅膀有些多餘，只長出兩片翅膀，就是雙翅目昆蟲。生活中常見的蚊子和蒼蠅就是雙翅目昆蟲，牠們擁有兩片正常的前翅，但後翅變成兩個類似於棒棒糖的結構，這兩個結構在牠們的飛行中發揮至關重要的作用，顯然是有益的改變，因此雙翅目後翅變成平衡桿實際上是發生特化，而不是退化。當蒼蠅的前翅扇動時，平衡桿會進行頻率相同但方向相反的相對振動，這種振動甚至能達到每秒三百三十次，保證飛行時的穩定性。而蒼蠅急轉彎時，平衡桿在慣性作用下會彎向反面，而這種彎曲的資訊會傳遞給蒼蠅的大腦從而及時糾正飛行姿態。由於後翅的縮小，蒼蠅的前翅必須扇動更快頻率以提供飛行動力，蒼蠅因此變成嗡嗡叫的令人討厭又打不著的害蟲。平衡桿重量很小，但獨特的末端膨大結構和靈活的擺動空間，為雙翅目昆蟲提供很強的飛行控制能力，牠們可以在空中快速飛行、急停、急轉甚至懸停。雙翅目家族中，有很多具有高超飛行技巧的成員，例如成群結隊像一團煙一樣在空中飄著的搖蚊、像戰鬥機一樣有著最強空中追擊能力的食蟲虻，以

雙翅目昆蟲的平衡桿

及能邊飛邊交配的舞虻。

空中定格的假蜜蜂

如果替動物飛行能力排等級，滑翔就是最初級的技巧。許多飛行動物包括鳥類、翼龍類都是依靠滑翔來實現長距離飛行，甚至一些沒有翅膀的鼯鼠、飛蛙等也會透過特殊的皮膜在樹林間滑翔。中級能力便是主動起飛，這種能力非常依賴翅膀，鳥類、昆蟲依靠翅膀向下方、後方扇動來獲得飛行的升力和向前的動力。而空中懸飛是最高級的飛行技巧，懸飛不是不動，而是透過翅膀完全向下的扇動來提供升力，以維持在一定高度和位置。意味著翅膀的扇動需要保持在較高頻率，對體力是極大的消耗，因此懸飛是極難的飛行能力。脊椎動物中唯一能懸飛的是蜂鳥，牠們喜歡花蜜，但花朵無法支撐牠們的體重，只能懸飛在和花朵一樣的高度。蜂鳥翅膀扇動時不是簡單的上下拍動，而是以「8」字形滑動，這種高效的運動方式可以減少翅膀抬起的阻力，增加翅膀提供的升力。

昆蟲雖然是最早的天空霸主，但昆蟲翅膀通常只是一片基本的薄膜，而且較小，光是普通飛行都需要兩對翅膀的頻繁扇動，連滑翔能力都不太具備，更別說懸停了。當然，有少數能懸飛的家族——鱗翅目的天蛾和雙翅目的食蚜蠅。食蚜蠅的翅膀雖然「少」了兩片，看起來是飛行劣勢，但反而使牠們的前翅運動更加靈活，可以有更多角度變化，加上後翅在飛行中調節平衡，懸飛對牠們來說不算難。長喙天蛾的前翅與後翅發生連鎖，聯合起來是與鳥類翅膀類似的形狀，而牠們的體態、飛行姿勢也和蜂鳥非常相似，經常被認錯，甚至有了「蜂鳥蛾」的別稱。許多雙翅目昆蟲都有懸飛的本領，食蚜蠅甚至能定點盤旋，能準確地在空中多個地點來回移動，每次都是分毫不差，具有超強的「精確定位」能力，是導航系統和飛行控制技巧的雙重展現。

做為具有高超技巧的飛行家，食蚜蠅在選擇食物上非常講究。小時候喜歡吃蚜蟲，長大後則吃花蜜，兩者都是高糖分的食物，能為牠們的高難度飛行提供足夠的能量。而牠們也擬態成為蜜蜂的樣子，混入蜜蜂家族，免得被人欺負。

偵察大師

飛天一直是人類的夢想，但我們對飛行器的需求不僅是代步工具。小型飛行偵察器在軍事領域和勘探領域都有非常好的應用前景，而這個飛行器竟然從頭到尾都師從小小的蒼蠅。

發達的動態視覺。蒼蠅具有超大複眼，幾乎覆蓋整個頭部，為牠們提供更廣闊的視覺範圍。此外，蒼蠅的複眼由單眼組成，可以將運動的物體分成連續畫面，由小眼輪流觀看，具有很高的幀數，即便在高速飛行中也能準確看清環境。透過模仿這些本領製造的「蠅眼」照相機具有更高的解析度和幀數。蠅眼本身還是測速儀，能即時了解自己的飛行速度，進而在空中追逐戰中占據優勢。而根據其中原理研發的飛機地速指示器也已經在飛行器上運用。

精巧的飛行本領。小型飛行器的飛行原理與大飛機完全不同，需要類比蒼蠅撲翼的方式來實現飛行。但蒼蠅的飛行同樣不是簡單的上下扇動，至少有三種翅膀運動方式，從而形成複雜的三維軌跡，且可以達到一百赫茲的扇動頻率。而機器蒼蠅不僅需要降低重量，還需要更複雜的部件來實現對機翼的控制，而飛起來後還要及時地根據實際情況改變運動軌跡，因此需要向蒼蠅學習的地方還有很多。

穩定的空中平衡。蒼蠅的平衡桿是特殊的感覺器官，就像陀螺儀一樣幫助蒼蠅感知飛行過程中自身的轉動。而根據平衡桿的作用原理，科學家們研究運用在飛機上的導航儀器，可以即時監控飛機的相對位置，防止飛機在空中翻滾；同時，在飛機轉彎時也能發揮航向指導。

高超的躲避技巧。蒼蠅可以在高速飛行中巧妙地躲避障礙，與牠們全身的機能都有關係。研究顯示，牠們僅透過視覺回饋就能躲避障礙，得益於小巧的體型，能以非常快的速度傳遞訊號，並由翅膀和平衡桿執行精確的飛行命令。這種簡單的保命技巧卻需要人類採用大量的感測器來模擬類似的效果，因此對蒼蠅躲避能力和導航技巧的研究能使飛行器應對更複雜的飛行挑戰。

全能的蒼蠅老師

蒼蠅的本領不僅體現在飛行能力上，很多技巧都可以改變人類未來某個領域的科技。

蒼蠅透過腳上的肉墊和黏液實現在垂直牆壁甚至天花板上的爬行，仿生「蒼蠅機器人」或許可以運用於高層建築外牆清理和懸崖勘探。蒼蠅嗅覺靈敏，能飛行數千公尺「尋臭」，仿生蒼蠅嗅覺的氣體分析儀已經在太空船的座艙中不斷嗅探，還可以做為潛水艇和礦井等地方的有害氣體警報器。仿平衡桿的平衡感應器或許可以協助有運動障礙的患者。

當然，科學家們從來不會單獨在某一種昆蟲上尋找靈感，蜻蜓、蜜蜂都有各自的飛行本領，蒼蠅、蚊子不只是惹人煩的害蟲，或多或少都啟發了現代科學。不恥下問，不斷探究才是科學發展的康莊大道。

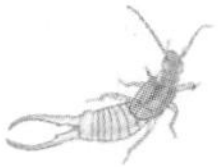

蠼螋
展翅翱翔的未來

一寸長一寸強

弱肉強食是大自然的基本準則，吃與被吃都是每一種生物與生俱來的宿命。我們在貴州麻陽河科學考察過程中，在河邊的灌木上目睹一場有趣的爭鬥。有兩隻細長的蟲子準備打架，靠近一看才發現分別是一隻蠼螋和一隻隱翅蟲。牠們因為相似的生活習性演化成相似的形態，但完全不是一個家族。蠼螋的尾巴有個「夾子」，舉起腹部向前準備進攻，隱翅蟲沒有夾子，但也抬起腹部不甘示弱。可惜牠的勇氣在

隱翅蟲

蠼螋

武器面前不堪一擊，蠼螋輕鬆地夾住隱翅蟲，美美地飽餐一頓。蠼螋是一類膽小的昆蟲，印象中總是「偷偷摸摸」，這一次用尾鉗威猛捕食的行為，還是首次親眼觀察到。我們非常好奇蠼螋的捕食姿勢，結果靠得太近，牠竟然突然間把翅膀打開，露出大而豔麗的後翅，但待在原地沒有飛走。可能牠受到驚嚇，想透過這個動作來嚇唬天敵。過了一會兒，翅膀又突然彈回去，彷彿有個機關，瞬間折疊得很小並藏在前翅下，非常精妙。

蠼螋是一類分布很廣泛的昆蟲，也會出沒在住房內，但野外的蠼螋更加好看奇特，或有著鮮豔的金屬顏色，或有著長而威武的尾夾，但牠們很少會展開翅膀，無論怎麼挑撥，許多時候會迅速落到地面上逃竄不見。說不定我們看見的那隻亮翅的蠼螋，其實是在護食呢。

不愛鑽耳朵的耳夾子蟲

蠼螋是革翅目昆蟲，翅膀的特化方式和甲蟲類似，前翅特化成較為堅硬的革質翅膀用於保護身體，後翅則是普通的膜翅用於飛行，平時收在前翅底下。然而奇怪的是，蠼螋的前翅「鎧甲」非常小，完全無法保護長長的腹部，最多只能保護翅膀。蠼螋不善於飛行，也極少飛行，只能依靠後翅進行短距離飛行。蠼螋大多數時候更願意待在地面，遇到危險的第一反應是往下逃跑。而且蠼螋是不完全變態發育的昆蟲，若蟲與成蟲長得幾乎一樣，翅膀對牠們來說似乎是可有可無的結構。

蠼螋外表最獨特的結構是尾鉗，由尾毛特化而來，一左一右形成一對鉗子。不同種類的蠼螋鉗子的形狀和大小都有差異，功能也不一樣，有的是捕獵工具，有的是嚇唬天敵的幌子，還有的種類尾鉗很小，或許牠們不喜歡這種張揚的生活方式。當然，無論是哪一種，都不要輕易去挑釁牠，生氣的蠼螋會用尾巴「咬」人。

蠼螋中的一些種類「入侵」到人類的生活環境中，出沒在廁所、廚房、衣櫃等陰暗潮溼的地方。蠼螋還有一個可以伸縮自如的腹部，能協助牠們在土壤中移動，但人們不清楚，看到蠼螋怪異的長相和收縮的肚子就覺得害怕，給牠取名叫耳夾子蟲，認為牠會趁人睡覺時鑽進耳朵裡，甚至在耳裡產卵築巢。雖然蠼螋喜歡陰暗環境，但人類的耳道對牠們來說太短，蠼螋媽媽會非常認真地照顧卵，不會選擇在這麼不安全的位置產卵。實際上蠼螋並非害蟲，不會吃我們的食物或家具，反而是專門捕食一些居家害蟲，是家中的小守衛。

隱形的翅膀

對昆蟲來說，翅膀確實是個便利結構，讓牠們能有更廣闊的活動空間。但有時翅膀也會成為累贅，不飛行時，碩大的翅膀很容易暴露自己，因此很多昆蟲都會把翅膀「藏」起來。例如蟬的翅膀順著身體擺放，蝽的翅膀則左右覆蓋來減少面積。而一些昆蟲將翅膀折疊起來。例如螳螂的後翅可以像紙扇一樣折疊，甲蟲的後翅對折兩次後收在鞘翅底下。

蠼螋是昆蟲界的摺紙大師，前翅非常小，後翅卻非常大，完全展開面積是前翅的十倍以上。蠼螋的後翅折

各種昆蟲「藏」翅膀的方式（蟬、螳螂、蝽、甲蟲）

疊非常複雜，包含扇面折疊和對折兩種方式。翅膀大致可分為兩個區域，需要折疊時，首先是外側區域以扇面方式進行折疊，縮小至三分之一；縮小後的翅膀又會兩次對折縮小成四分之一，在三次折疊下，蠼螋的翅膀面積只有原來的十二分之一！這樣就可以輕鬆地隱藏在前翅底下了。

蠼螋和甲蟲的策略相似，後翅只有飛行時會展開，平時被好好地保護著。但這也有缺點，每次都必須先抬起前翅，再展開後翅才能開始飛行。殘酷的自然界中，生死就在一瞬間，展開翅膀的速度尤為關鍵。螳螂和甲蟲的單折疊模式不算複雜，可以快速打開，但蠼螋呢？實際上，牠們的翅膀打開速度很快，幾乎就在一瞬間，而且不需要花費太多力氣，這種特點非常令人著迷。而有些蠼螋的後翅展開後非常漂亮，有時展開翅膀不為飛行，就是為了亮出警戒色來嚇退敵人。

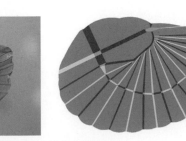

蠼螋展翅和蠼螋翅膀模型

自動摺紙大師

蠼螋把翅膀展開或許不算一件難事，畢竟高度壓縮的翅膀，扇動幾下就會被甩開。但蠼螋最厲害之處在於牠是如何把翅膀精準地折疊回去：蠼螋的翅膀上沒有任何肌肉，不可能對翅膀進行精確折疊。實際上，蠼螋在「摺紙」這件事上擁有極高天賦，牠們的翅膀由翅脈和翅膜組成，翅脈上有著獨特的拉伸結構，連接著每一片被分開的翅膜。這些縱橫交錯的拉伸結構就像是小小的彈簧，又分別產生不同方向的彈力，在某個機關被打開時，蠼螋的翅膀會在彈性作用下，自動地發生扇形折疊，再發生兩次對折，變成原來十二分之一的大小。

蠼螋的翅膀看似是一個平面，實際上是一直保持一定緊繃度的立體結構，這種獨特的結構可以讓牠們擁有折疊態和展開態兩個穩定的結構，而最中間的翅脈就是兩種狀態改變的關鍵開關。蠼螋的翅膀無論在折疊還是展開時，都可以理解為處在一定的臨

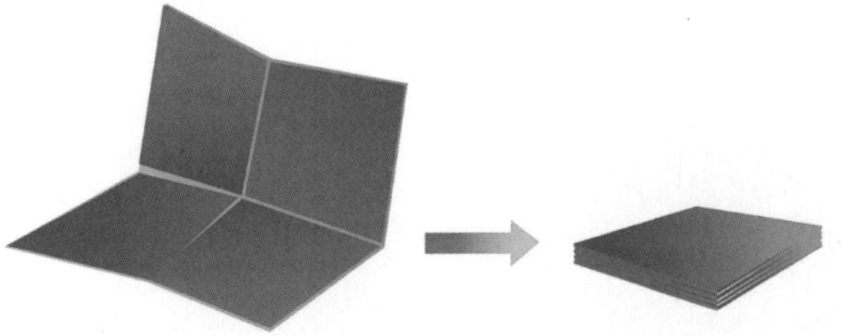

仿生自折疊材料

界點，當翅膀中間施加一定壓力，整個翅膀就可以在彈性翅膜的作用下，迅速自行展開或收縮。科學家們利用塑膠塊類比翅膜，用彈性聚合物連接塑膠塊來模擬翅脈，這種簡化的「蠼螋翅膀」已然具備自行折疊能力，且只需要簡單的觸碰。

飛上太空

蠼螋翅膀的這種自折疊能力在動物世界裡幾乎是獨一無二的存在，折疊技術看起來很陌生，實際上卻有各種應用，例如大幅的地圖和帳篷展開往往很容易，但折疊回原來的大小卻非常費時、費力，更別提折回原來的形狀。試想一下，擁有一個可以自動展開和自動折疊的帳篷，用省下的時間去享受夕陽的暖光，該是多麼愜意。

當然，科學家們有著更大的野心——飛上太空！衛星和太空梭發射時受到火箭限制，需要盡量減少體積與重量，但太陽帆又需要足夠面積才能提供足夠的電力，而這

衛星

兩者的矛盾或許可以由蠼螋解決。將帆板用自折疊的方式進行收納，發射升空後再自行展開成穩定結構，還可以減少用於執行和穩定帆板展開的設備重量。當然，這一切都基於對蠼螋翅膀的深度研究。

愈是普通而常見的昆蟲，愈有可能成為人類學習的對象。這些昆蟲正因其獨特的生存能力才遍布在我們的視野中。而科學家就是這樣一群在普遍中尋找規律的人，找到一個昆蟲的規律，或許就能解決一個小的科學問題，而小答案不斷積累起來，就是通往未來的路。

結語

人類真的是地球上最聰明的生物嗎？我相信大多數人會毫不猶豫地說：「是！」確實，從智力水準上來講，人類大腦發育遠超其他生物，透過自己的力量創造文明，改變地球，達成無數奇蹟。但那些不起眼的角落裡，昆蟲，做為無脊椎動物中最成功的類群，則創造了更多不可思議。

昆蟲，是這個地球上最早飛上天的生物；昆蟲，是這個地球上最早實現社會性生活的生物；昆蟲，是這個地球上最早依靠耕作實現溫飽的生物；昆蟲，是這個地球上經歷三次非常嚴重的生物大滅絕後依然活躍的生物。昆蟲的這些成就是目前為止地球上任何一類其他生物都無法比擬的。可以說，如果要問這個地球上最成功的生物是誰，絕對不是人類，而是昆蟲！「三人行，必有我師焉」，不僅適用於向他人學習，也適用於向大自然學習。對人類而言，大自然蘊含著數不盡的知識財富。昆蟲不僅是孩童時最好的玩伴，也是成長道路上人類的最佳學習對象。管理學中，你無法想像一個蟻后可以指揮幾百萬個成員；建築學中，你無法想像二公釐大的白蟻可以建造出全世界最精良的建築；材料學中，你無法想像昆蟲可以改變自身的形態與顏色完全和環境融為一體。那麼多無法想像的事情，只因為昆蟲在地球上經過數億年的競爭與淘汰。

人類在數百萬年的進化中，能夠超越其他物種，得益於智力的發展，而人類高智力的重要體現就是學習能力。我們擅長從大自然中觀察現象，總結規律，靈活應用自然的饋贈，描述自然現象，模仿昆蟲智慧發展科學，並展望科技未來。這正是科學的發展方式，也是每個人學習自然科學的必經之路。面對昆蟲這類全世界最成功的生物，我們需要學習的東西還很多。

科學最大的魅力就是從不止步，隨著研究的深入，我們會發現自然中隱藏著更多不可思議。希望在未來有愈來愈多青少年能夠熱愛自然，喜歡昆蟲，因為昆蟲是打開這個世界的一把金鑰匙，可以讓我們像開天眼一樣看待這個美妙的地球！

LEARN 系列 075

小蟲大哉問：自然生態的科學探察與人文思考

作　者—陳睿、蘇洽帆
副總編輯—邱憶伶
責任編輯—陳映儒
行銷企畫—劉佳怡
封面設計—兒日
內頁設計—張靜怡

董 事 長—趙政岷
出 版 者—時報文化出版企業股份有限公司
一〇八〇一九臺北市和平西路三段二四〇號三樓
發行專線—（〇二）二三〇六—六八四二
讀者服務專線—〇八〇〇—二三一—七〇五
（〇二）二三〇四—七一〇三
讀者服務傳真—（〇二）二三〇四—六八五八
郵撥—一九三四四七二四時報文化出版公司
信箱—一〇八九九臺北華江橋郵局第九九信箱
時報悅讀網—http://www.readingtimes.com.tw
電子郵件信箱—newstudy@readingtimes.com.tw
時報悅讀俱樂部—https://www.facebook.com/readingtimes.2
法律顧問—理律法律事務所　陳長文律師、李念祖律師
印　刷—華展印刷有限公司
初版一刷—二〇二四年三月一日
定　價—新臺幣四八〇元
（缺頁或破損的書，請寄回更換）

時報文化出版公司成立於一九七五年，
一九九九年股票上櫃公開發行，二〇〇八年脫離中時集團非屬旺中，
以「尊重智慧與創意的文化事業」為信念。

小蟲大哉問：自然生態的科學探察與人文思考／
陳睿、蘇洽帆著 . -- 初版 . -- 臺北市：時報文化
出版企業股份有限公司 , 2024.02
288 面；14.8×21 公分 . --（LEARN 系列；75）
ISBN 978-626-374-964-1（平裝）

1. CST：昆蟲學

387.7　　113001571

ISBN 978-626-374-964-1
Printed in Taiwan